本書を発行するにあたって，内容に誤りのないようできる限りの注意を払いましたが，本書の内容を適用した結果生じたこと，また，適用できなかった結果について，著者，出版社とも一切の責任を負いませんのでご了承ください．

本書に掲載されている会社名・製品名は一般に各社の登録商標です．

本書は，「著作権法」によって，著作権等の権利が保護されている著作物です．本書の複製権・翻訳権・上映権・譲渡権・公衆送信権（送信可能化権を含む）は著作権者が保有しています．本書の全部または一部につき，無断で転載，複写複製，電子的装置への入力等をされると，著作権等の権利侵害となる場合があります．また，代行業者等の第三者によるスキャンやデジタル化は，たとえ個人や家庭内での利用であっても著作権法上認められておりませんので，ご注意ください．

本書の無断複写は，著作権法上の制限事項を除き，禁じられています．本書の複写複製を希望される場合は，そのつど事前に下記へ連絡して許諾を得てください．

(社)出版者著作権管理機構
(電話 03-3513-6969, FAX 03-3513-6979, e-mail: info@jcopy.or.jp)

JCOPY <(社)出版者著作権管理機構 委託出版物>

AVRマイコンとPythonではじめ

IoTデバイス
設計・実装

AVRマイコンとオ
ライブラリを
Internet o
を実装

武藤 佳恭 [著]
Yoshiyasu Takefuji

Ohmsha

はじめに

　近年，IoT（Internet of Things）が脚光を浴びています．IoT デバイスとは，名前の通り，インターネットを経由して機器同士が互いにコミュニケーションできる電子機器（デバイスまたはガジェット）のことです．人間同士のコミュニケーションは，電話，SNS，電子メールなどで実現されていますが，これからは人間の手を煩わせずに，IoT デバイス同士がコミュニケーションする時代に突入しました．IoT に関する雑誌記事は Web 上にいろいろありますが，IoT デバイス製作のための解説書はあまり多くありません．本書は，IoT デバイス設計の実践的な入門書として，IoT デバイスを設計する企業のエンジニア，電子工作ユーザーを主な読者対象にしました．本書では，実例を中心に IoT デバイスの設計・実装を分かりやすく解説します．

　ハードウェアには Arduino で使われている汎用性の高い AVR マイコンを用い，アプリケーションの言語には初心者教育に定評のある Python を用います．Python には，世界中に多くのオープンソースのライブラリやパッケージがあります．

　たとえば，

　　自動運転などで実際に利用されているオープンソース画像処理パッケージ OpenCV
　　人工知能技術を応用したオープンソース機械学習パッケージ scikit-learn
　　ビッグデータの統計解析に使われている statsmodels

があり，ほかにも人間の脳機能を模倣したディープラーニング（ニューラルネットワーク）など難しいアルゴリズムを組み込んだオープンソースパッケージがあります．

　本書ではライブラリの使い方を重視したことで，それらのオープンソースパッケージ内で使われている難しいアルゴリズムや内容をあまり理解できなくても，IoT デバイスの設計や実装ができるようになります．

　やや面倒な点として，IoT デバイスに欠かせないクラウドへのアクセスは，複雑な OAuth 2.0 認証が必要になりました．しかしながら，オープンソースライブラリ（pydrive）を使うと OAuth 2.0 認証を簡単に実現できます．

　AVR マイコンに関する多くの情報が Web 上にありますが，初心者がつまずきやすいところがいくつかあります．本書では，初心者がつまずきやすい重要ポイントを指摘しながら，その解決策レシピを分かりやすく解説します．また AVR マイコンだけでなく，32 ビット ARM マイコン（Raspberry Pi2）を用いて，3G や LTE 通信を使った IoT デバイス設計・実装を解説します．

はじめに

IoT デバイスアプリケーションを設計・実装するには，

1. どのようなことを IoT デバイスで問題解決したいか問題点を整理し（問題発見），
2. オープンソースライブラリを考慮して，IoT デバイスとアプリケーションの大まかな棲み分けを考え（大雑把な問題解決），
3. そのためにオープンソースライブラリをもとにセンサーやアクチュエータを選択し，IoT デバイス設計を完成させ（IoT デバイス側の設計解決）
4. オープンソースライブラリの Python を活用して，IoT デバイスのアプリケーションを完成させる（アプリケーション側の設計解決）．

この 4 つの手順になります．

うまくいかない場合は，4 つの手順を何回も往復することになりますが，慣れてくるとオープンソースの目利きになり，比較的簡単に問題解決できるようになります．

要約すると，本書の特徴は，次の 3 点です．

- 本書の内容を身につければ，AVR マイコン（Arduino），Raspberry Pi2 組み込みシステム（Linux），各種センサー，オープンソースソフトウェアを活用することで，回路設計のノウハウだとか，センサーの特性だとか，通信プロトコルだとか難しいことが理解できなくても，オープンソースの活用さえできれば，基礎知識のない初心者が短時間で，IoT デバイスの設計・実装ができるようになります．
- Python オープンソースライブラリである scikit-learn や OpenCV などのパッケージを利用して，中身が理解できない初心者でも，最近話題のビッグデータ，人工知能，機械学習，画像処理機能をシステムに組み込み，所望のシステムを実現できるようになります．本書で紹介する Python ライブラリは，システム構築のための，部品として活用してください．
- 本書を通して読者諸氏がオープンソースの目利きになることを目指しています．

鉄則として，インストールする前に，何が起きても大丈夫なように，大事なファイルは必ずバックアップしておきましょう．オープンソースの目利きになるように，チャレンジしてください．

2015 年 8 月

著者識す

※本書の情報は，2015 年 8 月時点の情報に基づいています．

目次

はじめに iii

Chapter 1　IoT デバイス設計のための開発環境 1

1.0　インターネット検索術 5
1.1　VMware Player を使ったゲスト OS（Ubuntu）のインストール 8
　　1.1.1　Oracle VM VirtualBox を使ったインストール 16
1.2　ゲスト OS Ubuntu に Arduino 開発環境の構築 18
　　1.2.1　エラー（errors）の基本的な対処法と Windows の不要ファイルの消去 21
　　1.2.2　Linux の update と upgrade 22
　　1.2.3　Cygwin のインストール 25
　　1.2.4　Python ライブラリのインストール 26
1.3　AVR ライターの製作 29
1.4　AVR ライターを使った AVR マイコンへの書き込み 30

Chapter 2　IoT デバイスのハードウェアとインターフェース 35

2.1　IoT デバイスを構成する AVR マイコン 36
　　2.1.1　Arduino のディジタル入出力とアナログ入出力 41
2.2　IoT デバイスを構成するセンサーと駆動部品 42
　　2.2.1　i2c インターフェースの気圧センサー（BMP180）................... 42
　　2.2.2　SPI インターフェースの FlashAir SD カード 56
　　2.2.3　Wi-Fi シリアルモジュール（ESP8266）................................ 60
　　2.2.4　IoT デバイスのためのプリント基板設計（PCBE）................... 66

Chapter 3　IoT を構成するオープンソースソフトウェア 71

3.1　Servo ライブラリを用いたサーボモータ制御 72
3.2　Wire（i2c）ライブラリを用いた LCD 制御 74

目 次

3.3　Adafruit ライブラリを用いたマイコン内蔵 RGB LED（NeoPixel）制御 ...80
3.4　インピーダンス・ディジタル・コンバータ（AD5933）.......................82
3.5　Python オープンソースの活用..92
　　3.5.1　御用聞きシステム 92
　　3.5.2　cron と crontab の設定 96
　　3.5.3　OAuth 2.0 認証の gspread ライブラリ comoauth2.py 97

Chapter 4　Python の設定と機械学習 99

4.1　Python 環境の設定 99
　　4.1.1　Windows 上での Python 設定 99
　　4.1.2　Ubuntu 上での Python 設定 102
　　4.1.3　Raspberry Pi2 上での Python 設定 102
　　4.1.4　Raspberry Pi2 に i2c センサーを接続 106
4.2　scikit-learn..119
　　4.2.1　scikit-learn を使ったテキスト学習 119
　　4.2.2　マルコフモデルからサザエさんのジャンケンにチャレンジ 122
4.3　statsmodels と scikit-learn を使った重回帰分析 125
　　4.3.1　statesmodels の OLS モデルを用いた重回帰分析................125
　　4.3.2　statesmodels の RLM モデルを用いた重回帰分析 128
　　4.3.3　scikit-learn の Lasso モデルを用いた重回帰分析 129
　　4.3.4　scikit-learn の AdaBoost と DecisionTree モデルを用いた重回帰分析..........129
　　4.3.5　scikit-learn の RandomForest モデルを用いた重回帰分析........................131
　　4.3.6　scikit-learn のその他のアンサンブル学習モデルを用いた重回帰分析 132
4.4　Neural Network Deep Learning 133

Chapter 5　Python を使った画像処理（OpenCV）............139

5.1　OpenCV を使った基本プログラム 139
5.2　カメラを使った可視光通信..142
5.3　物や人を数えてみよう 144
5.4　数独を解かせてみよう 146
5.5　不思議な色を分析してみよう 149
5.6　Template マッチング..152
5.7　Bag of Features による画像学習と分類器.....................................153

Chapter 6　Pythonを使ってクラウド活用 159

- 6.1　freeDNSの活用 159
- 6.2　クラウドDropboxの利用 162
- 6.3　クラウドGoogleドライブの利用 164
  - 6.3.1　Googleドライブへのアクセス 164
  - 6.3.2　GoogleドライブのOAuth 2.0 認証...166
  - 6.3.3　pydriveライブラリに削除機能を追加 169
  - 6.3.4　GoogleドライブとpydriveのMIMEタイプのミスマッチ 171

Chapter 7　Pythonを使ってスマートフォン活用（SL4A）...173

- 7.1　SL4Aのインストール 173
- 7.2　Weather-station 177

Chapter 8　3つの音声認識（Windows, Android, Raspberry Pi2）...181

- 8.1　Windowsでの音声認識 181
- 8.2　Androidでの音声認識 184
- 8.3　Raspberry Pi2での音声認識 186

Appendix　Pythonで簡単なGUIを作る 191

索　引 194

Chapter 1
IoT デバイス設計のための開発環境

　IoT デバイスで動くソフトウェア（IoT デバイスのソフトウェアはファームウェアと呼びます）は Arduino 環境を使って Linux 上で開発し，IoT デバイスを動かすアプリケーションは Python というプログラミング言語を使って Windows 上で開発，実行します．本書では Linux（Ubuntu）は VMware Player（1.1 節参照）か VM VirtualBox（1.1.1 項参照）などの仮想化ソフトウェアを使って，Windows 上にインストールします．

　Chapter 1 では，IoT デバイスを設計するための開発環境の構築を解説していきます．すでに環境は整っているという方はバージョンの確認程度にさっと読み流して，Chaper 2 に進んでください．

　Chapter 1 の構成を以下に示しておきます．

- 1.0 インターネット検索術
- 1.1 VMware Player を使ったゲスト OS（Ubuntu）のインストール
    - 1.1.1 Oracle VM VirtualBox のインストール
- 1.2 ゲスト OS Ubuntu に Arduino 開発環境の構築
    - 1.2.1 エラー（errors）の基本的な対処法と Windows の不要ファイルの消去
    - 1.2.2 Linux の update と upgrade
    - 1.2.3 Cygwin のインストール
    - 1.2.4 Python ライブラリのインストール
- 1.3 AVR ライターの製作
- 1.4 AVR ライターを使った AVR マイコンへの書き込み

　仮想マシン上の Ubuntu や Debian は，Arduino の hex ファイルを生成するために使用します．アプリケーションは，Cygwin（Windows）または Rasberry Pi2（Debian）で実行します．

図 1.1 開発環境

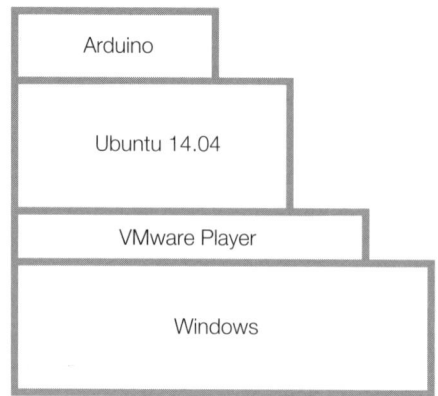

　まず，オープンソースソフトウェアを活用するために，必要なソフトウェアの探し方と使い方を中心に解説していきます．また，それらのソフトウェアとハードウェアの連携を解説します．一般には，ソフトウェアがハードウェアを制御します．IoT デバイスの開発では，Arduino 開発環境を利用して，最大限にオープンソースを活用します．慣れてくれば，1 時間以内に IoT デバイスの開発は完了します．

　王道の IoT デバイスソフトウェア開発のレシピは，次の 4 つのステップになります．

1. IoT デバイスで何をさせたいか決めます．IoT デバイスではできるだけ単純な機能だけを実現し，難しいことはアプリケーションソフトウェアに任せます．
2. ふさわしいオープンソースライブラリを探すために，インターネット検索してから，ハードウェア部品（センサーやアクチュエーター）を選定します．ハードウェア部品選定は Arduino ライブラリの有無と充実度で決めます．もちろん，部品選定してから，ふさわしい Arduino ライブラリが検索できれば，それでもよいです．
3. 選定したライブラリのスケッチ（xxx.ino ファイル[†1]のことをスケッチと呼びます）を参考に，スケッチを完成させます．出来栄えの良いライブラリは，ライブラリ（xxx.cpp と xxx.h）に加え，参考例のスケッチ xxx.ino が複数あります．
4. make して，xxx.hex を生成します．Makefile をダウンロードし，同じフォルダにライブラリ（xxx.cpp と xxx.h）と xxx.ino を準備し，make コマンドを実行すれば，簡単に IoT デバイスのファームウェア xxx.hex を生成できます．そのためには，Ubuntu を Windows 上の VMware Player などにインストールし，Ubuntu 上に Arduino 環境を設定して，次のサイトから Makefile をダウンロードしてください．

---

†1　ino ファイル：Arduino 用のソフトウェアの名称．拡張子「ino」．

http://web.sfc.keio.ac.jp/~takefuji/Makefile

　IoTデバイスのアプリケーション開発には，Pythonというプログラミング言語を中心に使います．Pythonには，さまざまなオープンソースのライブラリがあり，その中から自分のアプリケーションにふさわしいライブラリを選択して開発します．Pythonの基本的なライブラリに，便利なライブラリを加えれば，短いプログラムで所望のシステムを完成できます．プログラムは短ければ短いほど，デバッグが楽になります．

　Pythonは，最初は理解しにくいかもしれませんが，可読性が良いので多くのサンプルを見るうちに理解できるようになります．文法も大事ですが，"習うより慣れろ"の精神で開発しましょう．

　まずは，Pythonプログラムがどのようなもので，どのように利用するかを紹介します．開発環境がそろっていない方は，実行確認はできないと思いますが，その雰囲気を感じてください．

　Pythonでライブラリを使うには`import`文を1行加えるだけです．Pythonの構文はインデントが重要で，スペースやタブで構造を表現します．つまり，Pythonでは行揃えはきわめて重要です．最初はPythonでの構造の意味を難しく考えないで，プログラムサンプルを眺めながら，少しずつ理解していきましょう．

　ソースコード1.1（face.py）の例は，顔認識のPythonプログラムです．あらかじめ，WindowsにPythonと必要なライブラリがインストールされていると仮定します．また，コマンドを柔軟に実行するためにCygwinをインストールしていることを仮定します．Linuxであれば，簡単にPythonライブラリをインストールできます．Windowsでは，実行コード（binary）をインストールすることをお勧めします．

　この例では，2つのPythonライブラリ（sysとcv2）を使っています．cv2は有名なオープンソースパッケージOpenCVで，イメージ処理用のライブラリです．`def`はdefinition（関数定義）です．`box(rects, img)`関数によって，発見した顔に四角の枠を表示させます．`print len(rects)`関数は，発見した顔の数を表示します．顔を認識するための学習済みファイルは，次からダウンロードしました．

https://raw.githubusercontent.com/sightmachine/SimpleCV/master/SimpleCV/Features/HaarCascades/face_cv2.xml

▼ソースコード 1.1　顔認識の Python プログラム（face.py）

```
import sys,cv2
def detect(path):
    img = cv2.imread(path)
    cascade = cv2.CascadeClassifier("face_cv2.xml")
    rects = cascade.detectMultiScale( \
        mg, 1.0342, 6, cv2.cv.CV_HAAR_SCALE_IMAGE, (20,20))
    if len(rects) == 0:
        return [], img
    rects[:, 2:] += rects[:, :2]
    return rects, img
def box(rects, img):
    for x1, y1, x2, y2 in rects:
       cv2.rectangle(img, (x1, y1), (x2, y2), (127, 255, 0), 2)
    cv2.imwrite('detected.jpg', img);
rects, img = detect(str(sys.argv[1]))
box(rects, img)
print len(rects)
```

http://www.awaji-info.com/seijin2006/seidan.JPG のファイルでこのプログラムを試すと，148 と表示されます．右上の頭を斜めにしている人は認識できなかったようで，実際は 149 人です．

face_cv2.xml をダウンロードしてから，次のコマンドで face.py をダウンロードします．

```
$ wget http://web.sfc.keio.ac.jp/~takefuji/face.py
$ python -i face.py
148
```

エラーが出る場合は，必要なライブラリのインストールが完成していない可能性があります．あるいは，適切にライブラリがインストールされていない可能性があります．

ふさわしい Python ライブラリの見つけ方や，ライブラリの活用方法をマスターすれば，短時間に所望のアプリケーションが作成できるようになります．つまり，インターネット検索術を身につければ，オープンソースを最大限に活用でき，短時間で開発できるようになります．

> Arduino ライブラリによって，IoT デバイスの部品を選定し（センサーやアクチュエータ），Python オープンソースライブラリを活用して，目的の IoT デバイスアプリケーションを完成させます．どのようなオープンソースライブラリを活用するかで，IoT デバイス開発時間と性能が決定され，読者の開発能力が現れます．

1.0 インターネット検索術

ここでのコマンドの実行例は，Cygwin（1.2.3項）および Python（4.1.1項）とライブラリ（1.2.4項）がインストールされている必要があります．

普段インターネットで情報を調べるとき，どのように検索しているでしょうか．調べたい単語をいくつか並べているだけであれば，それはもったいないと言えます．

検索キーワードには語（words）と句（phrases）があり，たとえば「red tape」と検索すると red と tape の 2 語で検索されます．" " で囲み，「"red tape"」とすると 1 つの句として検索されます．

また，検索はキーワードの一致をただ調べているだけではなく，論理演算です．論理演算には，＋（含む）と −（含まない）の機能に加えて，and と or の論理演算，さらに，ドメイン検索（site:xxx）とファイルタイプ検索（filetype:xxx）があります．

また，すべての検索対象ファイルには Julian Date（ユリウス通日）のタグが付けられています．ユリウス通日とは，紀元前 4713 年 1 月 1 日の正午（世界時）からの日数のことです．ユリウス通日変換は

http://aa.usno.navy.mil/data/docs/JulianDate.php

で計算できます．または，Python からもインストールできます．次のコマンドを Cygwin ターミナルで実行してください．

```
$ pip install jdcal
$ wget http://web.sfc.keio.ac.jp/~takefuji/jdate.py
$ python -i jdate.py
enter: y m d 2015 4 5
2457117.5
>>>
```

たとえば，次のように検索します．

検索例 1（2 語）

red tape

検索例 2（1 句）

"red tape"

検索例 3（2 語）

+red -tape

検索例 4 (1 句とドメインサーチ)

🔍 "red tape" site:gov

検索例 5 (1 句と日時指定検索) (oct.17,2008-oct17,2009)

🔍 "red tape" daterange:2454756-2455121

検索例 6 (1 句とファイルタイプ検索)

🔍 "red tape" filetype:pdf

インターネット検索とは世界中から知恵を集めることに相当します．うまく検索すれば，自分の欲しい情報が入手できます．単語 xxx が分からないときは「xxx とは」で検索すれば，説明が表示されます．

インターネット検索に重要なことが 2 つあります．1 つは，情報発信側の立場に立って検索することです．もう 1 つは，検索する前に自分で検索結果のイメージを作ることです．そのイメージからキーワードを考え，インターネット検索します．結局，検索結果は，自分が作ったイメージの説明に過ぎません．

また，検索結果は常に変化します．あきらめずに何度も同じ検索を繰り返すと，じわじわと欲しい情報が現れてきます．

google.co.jp の日本語検索と google.com の英語検索では，検索結果が異なります．インターネット検索して，いろいろな検索を試してください．

その他，キーワードを引き寄せるキーワード，ある分野のホットキーワードを発見する技など，いろいろな検索技がありますが，ここでは割愛します．本書では，検索事例を多く説明し，検索技の理解を深めてもらいます．

Python を使ってコマンドラインで動作する google 検索プログラムを紹介します．次のコマンドを Cygwin ターミナルで実行してください．

```
$ wget http://web.sfc.keio.ac.jp/~takefuji/gsearch.py
$ wget http://web.sfc.keio.ac.jp/~takefuji/google.tar
$ tar xvf google.tar
$ pip install selenium
$ pip install beautifulsoup4
$ pip install requests
```

ここで，コマンドラインで動作する google 検索をしてみます．16 秒以上間隔を空けて，毎回検索をしてください．

```
$ python -i gsearch.py
enter: arduino st7032 site:google.com
```

gsearch.pyの中身を見てみましょう．

```
$ cat gsearch.py
import os
os.chdir(".")
from google import google
input=raw_input("enter: ")
r=google.search(input,2)
for i in r:
    l=len(str(i.google_link))
    if l>4:print i.google_link.split('q=')[1].split('&')[0]
os._exit(0)
```

r=google.search(input,2)の2は2ページという意味です．(input,10)にすれば10ページ分のデータを表示します．

Google-Search-API Pythonライブラリを紹介します．Windowsで，次のサイトから，Google-Search-API-master.zipをダウンロードしてください．cygwin/home/user-nameフォルダにtmpフォルダを作成して，そこにダウンロードすると便利かと思います[2]．

https://github.com/abenassi/Google-Search-API/archive/master.zip

Cygwinターミナルを開いて，ダウンロードしたフォルダに移動して，次のコマンドを実行します．

```
$ cd tmp
$ unzip Google-Search-API-master.zip
$ cd Google-Search-API-master
$ python setup.py install
```

次のコマンドを実行します．

```
$ ipython qtconsole
```

IPythonのコンソールウィンドウが表示されますので，次のコマンドを実行していきます．

---

[2] Cygwinをインストールしたフォルダcygwinには，Windowsのエクスプローラーやブラウザなどから自由にアクセスできます．ただし，原則，cygwin/home/user-nameフォルダ以外にはアクセスしないでください．また，cygwin/home/user-nameフォルダへはファイルの追加やダウンロード以外にはWindowsから操作しないでください．Cygwinの重要なファイルに変更を加えてしまう可能性があります．

```
from subprocess import *
check_output('pwd')
from google import google,images
result=google.search("yoshiyasu takefuji")
result (検索結果が表示されます)
```

次に，青いバナナの画像を検索します．

```
options = images.ImageOptions()
options.image_type = images.ImageType.CLIPART
options.larger_than = images.LargerThan.MP_4
options.color = "green"
results = google.search_images("banana", options)
```

自動的にブラウザがポップアップされ，青いバナナの画像が表示されます．

1.1 VMware Player を使った ゲスト OS（Ubuntu）のインストール

　最近のパソコンの性能向上によって，2つ以上の OS を1台のパソコン上で同時に稼働できるようになりました．本書では，ホスト OS である Windows パソコン上にゲスト OS である Linux OS を稼働させます．オープンソースソフトウェアを効率良く活用するために，Linux 上に Arduino 環境を構築し，IoT デバイスのファームウェア（IoT デバイスのソフトウェアのこと）をコマンドラインで開発可能にします．

　IoT デバイスでは，オープンソースソフトウェアのスケッチやライブラリをインターネットからダウンロードし，若干の変更を加えれば，即 IoT デバイスが完成します．Windows 上で高度なアプリケーションを作成する場合も，Python のオープンソースソフトウェアを使えば，短時間で開発が可能になります．最大限にオープンソースソフトウェアを生かし，徹底して開発時間を短縮することが本書の目的の1つです．

　Linux 上で AVR マイコンのファームウェアを生成し，Windows 上で Python アプリケーションを開発します．ホスト OS とゲスト OS の両方の良いところを最大限に生かし，パソコンを開発母艦として活用します．マイクロソフト社の Windows 7 や Windows 8 だけでなく，Apple 社の Mac でも開発環境の母艦になりえます．

　ただし，ゲスト OS からホスト OS のデバイス（Bluetooth やカメラ）などを利用する場合は，相性の問題が発生することがあります．本書では，IoT デバイスのアプリケーションは，できるだけホスト OS 上で稼働させるので，ほとんどの場合問題が生じません．Mac OS の場合は，ホスト OS から Python を使って Bluetooth やカメラにアクセスする場合，問題が生じる場

合があります．

　本書で使うパソコンは，野外での実験や外出先での開発を考えると，持ち運び可能なノートパソコンで，Windows 7 か Windows 8 OS に，8 GB 以上のメインメモリ，256 GB 以上の SSD がお勧めです．気圧の関係でハードディスクは構造上，高い山の上では駆動しないことがありますので注意が必要です．

　2つ以上の OS を同時に稼働させるためには，ホスト OS 上にゲスト OS を稼働させる，仮想マシン（バーチャルマシン）環境を実現するソフトウェアをインストールする必要があります．Windows OS では，無料の仮想マシンソフトウェアには，VMware 社の VMware Player（営利の場合は有料）と Oracle 社の VM VirtualBox があります．Mac OS では，VMware Player は有料，VM VirtualBox は無料です．お勧めは，VMware Player です．VMware Player では，ほとんどのパラメータが自動設定になっているので，環境構築が比較的簡単で楽です．VM VirtualBox も簡単に環境構築できますが，注意点がいくつかあります．

（1）Linux ISO ファイルのダウンロード

　Linux はオープンソースとして有名ですが，Linux にはさまざまなディストリビューション OS があります．本書では Linux の中でも Ubuntu か Debian を利用します．初心者向けには，Ubuntu の方がよいかもしれませんが，開発に慣れてくると Debian が小さくて軽くて速いと思います．Ubuntu は Debian をベースに構築されていますが，ユーザーインターフェースやオフィシャルデベロッパーは独自です．Debian は千人以上のオフィシャルデベロッパーを抱え，2万以上のパッケージを持っています．いずれの OS もボランティアが中心に活動していて，巨大なオープンソースプロジェクトの1つです．表 1.1 は，Ubuntu のバージョンとサポート期限を示しています．

表 1.1　Ubuntu のコードネームとサポート期限

コードネーム	バージョン	リリース日	サポート期限
Trusty Tahr	14.04	2014 年 4 月 17 日	2019 年 4 月
Precise Pangolin	12.04	2012 年 4 月 26 日	2017 年 4 月

　サポート期間の長い OS（LTS：Long Term Support）は安定していて，セキュリティ問題も比較的早く解決されています．本書では，Ubuntu の場合，バージョン 14.04 を解説していきます．パソコンが 32 ビットであれば ubuntu-14.04-desktop-i386.iso，64 ビットであれば ubuntu-14.04-desktop-amd64.iso の Desktop バージョンをダウンロードします．それぞれ，1 GB 前後のファイルです．i386 は 32 ビット，amd64 は 64 ビットを意味します．

　自分のパソコンが 32 ビットか 64 ビットか分からない場合は，Windows の「スタート」メ

ニューにある「プログラムとファイルの検索」や「検索」を使って，"システム"と入力して表示される一覧の中から「システム」を起動すると，結果が表示され判別できます．

なるべく短時間に必要なファイルをダウンロードしたいので，次の4つのキーワードでgoogle検索し，なるべく日本国内のサイトからダウンロードします．"site:jp"とはjpドメインのサイトを検索する意味です．ダウンロード先のサイトが込み合っている場合は，別のサイトを利用しましょう．また，メインテナンスのときはサイトがダウンしている場合が多いので，あきらめずに高速なダウンロードサイトを見つけてください．

> 🔍 ftp ubuntu-release 14.04 site:jp

```
http://ftp.riken.jp/Linux/Linux-new/ubuntu-releases/
http://www.ftp.ne.jp/Linux/packages/ubuntu/releases-cd/trusty/
```

検索キーワードを，

> 🔍 "ubuntu-14.04-desktop-amd64.iso" site:jp

としても，簡単にサイトを発見できます．

Debianのリリースバージョンは**図1.2**に示すように推移しています．wheezyが最新バージョン（2015年6月時点）です．

先ほどと同様に，次の5つのキーワードでgoogle検索します．

> 🔍 debian cd iso ftp site:jp

2015年6月の時点では，最新版の32ビットDebianは`debian-8.1.0-i386-CD-1.iso`，64ビットでは`debian-8.1.0-amd64-CD-1.iso`です．

ここでは，

```
http://ftp.riken.jp/Linux/debian/debian-cdimage/release/current/i386/iso-cd/
http://ftp.riken.jp/Linux/debian/debian-cdimage/release/current/amd64/iso-cd/
```

からダウンロードしました．

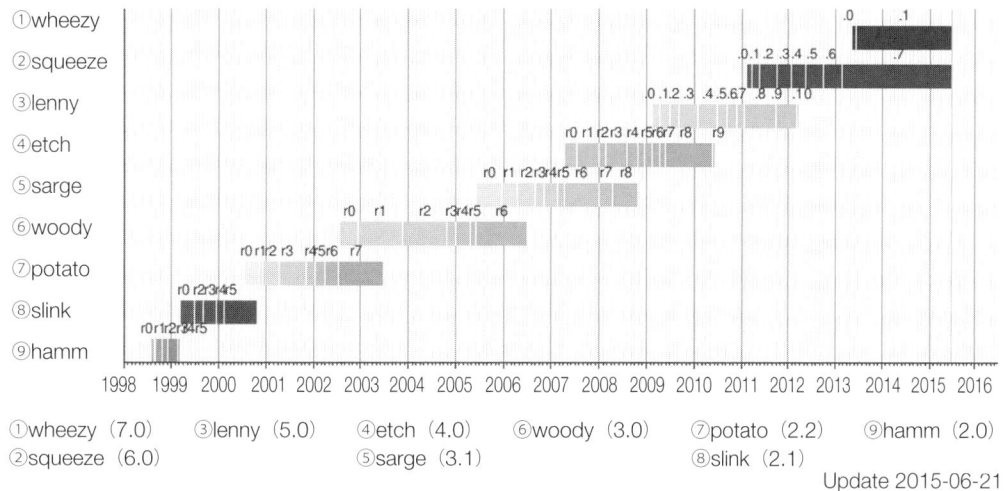

図 1.2　Debian のリリースバージョン推移

Update 2015-06-21

（2）VMware Player のインストール

次に，無料の 75 MB の VMware Player ファイルをダウンロードします．google 検索で次の 2 つのキーワードを使って，ダウンロードサイトを見つけてください．

🔍 ダウンロード "VMware Player"

ダウンロードした VMware-player-xxx.exe をダブルクリックして，インストールします．インストールが成功すると，デスクトップ上に VMware Player のアイコンが現れます．

仮想マシンの設定で，メモリは 1 GB，利用するハードディスクは 10 GB で十分です．

Ubuntu のインストールでは，英語でのインストールになります．日本語でインストールする場合は，次ページ以降に説明するインストール手順の 11. から 20. の作業は省略できますが，日本語でのインストールでは問題が生じる場合があります．なぜならば，ファイル名，ディレクトリ名（フォルダ），path に日本語が混入する場合，ファイルやディレクトリに参照できないことがあるからです．煩わしい問題を避けるためにも，できるだけ日本語のファイル名，日本語のフォルダ名，日本語の path 名は避けることです．

すべてのファイルやフォルダは，木構造になっています．OS は，ファイルを検索したり実行する場合，path に基づいて検索・実行します．たとえば，Ubuntu ユーザーのデフォルト path は，

```
/usr/local/sbin:/usr/local/bin:/usr/sbin:/usr/bin:/sbin:/bin:/usr/games:/usr/local/games
```

です．

　木構造と言ってもきわめて単純で，コマンド実行の場合は，path に書かれた左のフォルダから順番に探索していき，最初に見つかったコマンドを実行する仕組みです．path とはファイルやフォルダへの道筋の順番を設定する制御の仕組みなのです．path に含まれるそれぞれのフォルダは，":" コロンで区切られます．

　なお，本書で扱う範囲であれば，日本語のインストールでも問題は生じません．しかし，path の変更で，OS がまったく機能しなくなることも考えられるので，鉄則として，大事なファイルは必ずバックアップし，何が起きても後悔しないようにしましょう．

　ここまで読み進めてきて，いろいろと分からない日本語や英単語の専門用語が出てきたかもしれません．しかし，「xxx とは」をキーワードに検索すれば，その用語を解説しているサイトが見つかり，内容が理解できるはずです．常に，単語の意味を検索できるようにして，本書を読み進んでください．

(3) Ubuntu のインストール

　ここでは，Windows 上で VMware Player を活用し，Ubuntu をインストールします．

- 0. デスクトップ上の WMware Player をダブルクリックして起動します．インストール言語は英語になります．
- 1. 「新規仮想マシンの作成」ボタンをクリックします．「インストーラディスクイメージファイル (iso):」にチェックを入れ，「参照」ボタンで，先ほどダウンロードした Ubuntu の iso ファイルを参照させます．Windows のデフォルトでは「ダウンロード」フォルダになります．「次へ」ボタンをクリックし次画面に進みます．

　ダウンロードしたファイルの場所が分からなくなったら，Windows の「スタート」メニューの「プログラムとファイルの検索」や「検索」に，"*.iso" と入力してください．

- 2. フルネーム，ユーザー名，パスワード，確認をそれぞれ入力します．ユーザー名やパスワードは後で使うので，覚えておきましょう．ここでは，フルネームは Ubuntu になります．「次へ」ボタンで次に進みます．仮想マシンの名前を確認して，次へ進みます．
- 3. 「ディスク最大サイズ (GB)」は「10.0」で十分です．「仮想ディスクを複数のファイルに分割」を選択します．次へ進みます．「完了」ボタンをクリックすれば VMware Player の設定は終了です．
- 4. 完了すると，自動的に Ubuntu のインストールが始まります．「ソフトウェアの更新」ダイアログボックスが表示され，VMware Tools Linux 版のインストール画面

1.1 VMware Playerを使ったゲストOS（Ubuntu）のインストール

が現れたら，「ダウンロードしてインストール」をクリックします．しばらくすれば，Ubuntuのインストールが完了します．VMware Playerの右上画面の「×」をクリックします．「パワーオフ」を選択して終了してください．

5. VMware Playerを再び起動して「Ubuntu」を選択し，「仮想マシン設定の編集」をクリックします．「仮想マシン設定」ダイアログボックスで「オプション」タブを選択し，「共有フォルダ」で「フォルダの共有」の「常に有効」をチェックして，「フォルダ」の「追加」をクリックします．「共有フォルダ追加ウィザード」ダイアログボックスで「次へ」をクリックし，「ホストパス」に「C:¥Users¥your_name¥Desktop¥ubuntu」を入力して「次へ」をクリックします．「この共有を有効化」にチェックを入れて「完了」をクリックします．「仮想マシン設定」ダイアログボックスで「OK」をクリックします．共有化したフォルダを利用してWindowsとUbuntuの間のデータのやり取り（読み書き）が簡単に実現できます．共有化のために，Windowsのデスクトップ上にあらかじめ，Ubuntuのフォルダを新規作成しておきます．your_nameは，Windowsのユーザーアカウント名です．

6. 「Ubuntu」を選択して「仮想マシンの再生」をクリックします．Passwordを入力してログインします．

7. Ubuntu Desktopの左のLauncherの一番上のサーチボタンをクリックし，「terminal」と入力します（図1.3参照）．

図1.3　Terminalの起動

8. 「Terminal」をクリックして起動します．
9. Launcher上のTerminalを右クリックして「Lock to Launcher」をクリックします．
10. Launcher上で必要でないアプリは，右クリックして「Unlock from Launcher」を選択します．
11. 日本語のキーボードを認識させるために，「System Settings」をクリックして「Text

Entry」をクリックし，左下の「＋」ボタンをクリックして「Japanese」を選択し「Add」ボタンをクリックします．ウィンドウの左上の「×」をクリックして、Text Entry を閉じます．

12. 「System Settings」をクリックし，今度は「Language Support」をクリックします．「The language support is not installed completely」が表示されたら，「Install」ボタンをクリックします．パスワードの入力を要求されます．「Install/Remove Language」ボタンをクリックして「Language」のリストから「Japanese」の「Installed」にチェックを入れて「Apply Changes」ボタンをクリックします．Language Support を閉じます．

13. Launcher 上の Terminal を起動し，「sudo su」と入力すると，パスワードを要求してくるので，2. で設定したパスワードを入力します．スーパーユーザーになると，プロンプトが $ から # に変わります．

```
$ sudo su
[sudo] password for your_name:
#
```

14. Terminal で，次のコマンドで ibus-anthy パッケージを apt-get コマンドでインストールします．

```
# apt-get install ibus-anthy
```

15. reboot コマンドで，システムを再起動します．

```
# reboot
```

16. パスワードを入力してログインし，11. を繰り返し，Text Entry で「Japanese(Anthy)」を加えます．
17. reboot コマンドで，再びシステムを再起動します．
18. 11. を繰り返し，Text Entry で「Japanese(Kana)」を加えます．
19. 再びシステムを再起動します．
20. 図1.4 に示すように，「Ja」ボタンをクリックして「Anthy」をクリックします．「Ja」ボタンが「Aち」ボタンに変わり，Anthy 入力になります．Anthy の入力には，Hiragana, Katanaka, Halfwidth Katakana（半角カタカナ），Latin（半角英数），Wide Latin（全角英数）があります．「Aち」ボタンをクリックして，「Preferences-Anthy」をクリックします．「Setup - IBus-Anthy」で「Input

Mode」は「Latin」にしておきましょう．ホストマシンの漢字キーで，英語と日本語の切り替えができます．

図 1.4　日本語入力のための Anthy

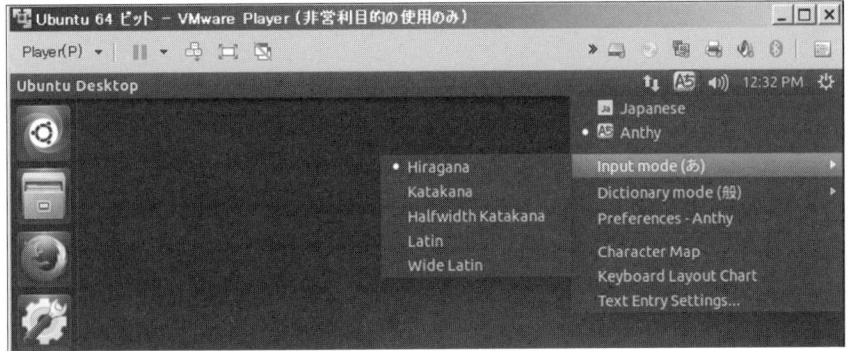

21. Terminal で，df コマンドを実行してください．図 1.5 に示すように，ディスクの利用状況が表示されます．

```
$ df
```

図 1.5　ディスクの利用状況

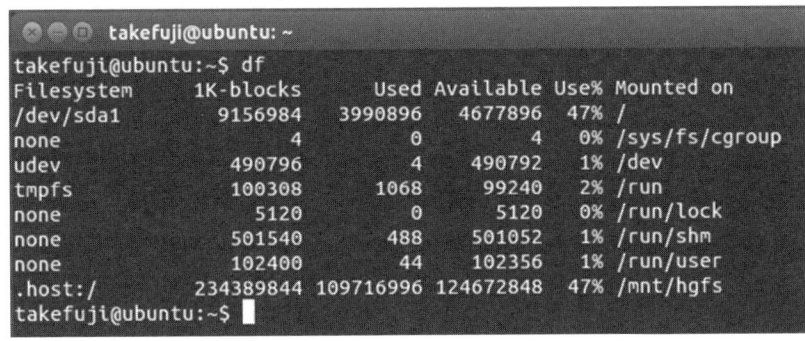

22. 図 1.5 の最後の行，/mnt/hgfs を調べてみます[†3]．ホスト OS Windows のデスクトップの Ubuntu フォルダに help.txt を作成してください．help.txt の中身は，「thank you」にします．次のコマンド（cd と ls）を，ゲスト OS Ubuntu の Terminal で実行します．

[†3] /mnt/hgfs が表示されていない場合，VMware Tools がインストールされていない可能性があります．VMware Player のヘルプを参考にして，VMware Tools をインストールしてください．また，5. の共有フォルダの設定を確認してください．

```
$ cd /mnt/hgfs/ubuntu
$ ls
help.txt
```

次の cat コマンドを実行して，`help.txt` の中身を表示します．

```
$ cat help.txt
thank you
```

cd コマンドは change directory の略でディレクトリへ移動し，ls コマンドは list segments の略でファイルやディレクトリ情報を表示し，cat コマンドは catenate の略でファイルを連結させたり表示したりします．

覚えておきたい Linux コマンド

sudo su, apt-get install xxx, reboot, df, cd xxx, ls, cat xxx

1.1.1 Oracle VM VirtualBox を使ったインストール

VM VirtualBox を使う場合も基本的には VMware Player と同じですが，いくつかの注意点があります．1つは，Ubuntu の iso ファイルの参照方法が異なります．2つ目は，VBoxGuestAdditions.iso をインストールする必要があります（図1.6）．3つ目は，クリップボードを共有化して，Windows と Ubuntu の間のコピー／ペースト相互機能を実現させる必要があります（図1.7）．

次の3つの検索キーワードで VM VirtualBox の iso ファイルを見つけて，ダウンロードしてください．

🔍 VM VirtualBox Windows

ダウンロードしたファイルをダブルクリックし，インストールを開始します．

VM VirtualBox を起動して，「新規」ボタンをクリックします．メモリは1 GB，ディスクは10 GBに設定してください．ハードドライブの設定では「仮想ハードドライブを作成する」にチェックを入れます．

設定が終わってから，作成した仮想マシンを選んで「起動」ボタンをクリックします．「起動ハードディスクを選択」ダイアログボックスが表示され，ここで初めて，Ubuntu の iso ファイルを参照できます．ダウンロードした iso ファイルを指定して，「起動」ボタンをクリックします．

ここでは，Ubuntu-ja-14.04-desktop の iso ファイルを使用しました．ja は日本語パッケー

ジがあらかじめインストールされている Ubuntu バージョンです.

この iso ファイルから起動した場合,「Ubuntu を試す」で CD から直接 Ubuntu を起動することもできますが,「Ubuntu をインストール」をクリックして, Ubuntu をインストールします.「インストールの種類」では「ディスクを削除して Ubuntu をインストール」を選択します. いくつかの設定項目がありますが, 注意点として, ホスト名 (コンピュータの名前) はなるべく短い 2 文字ぐらいの英数字にします. 名前を短くしないと, デフォルトの名前が長くなるので, Terminal を使った場合, 表示が汚くなり, 表示の変更が必要になります.

Ubuntu のインストールが終了してから, もう一度, 起動します. 設定は, VMware Player とほとんど同じですが, VBoxGuestAdditions.iso をインストールする必要があります. 図 1.6 に示すように, VM VirtualBox のメニューから「デバイス」-「Guest Additions の CD イメージを挿入」を選択すれば, 自動的に VBoxGuestAdditions.iso をインストールできます. ここで, シャットダウンします.

図 1.6　Guest Additions CD のインストール

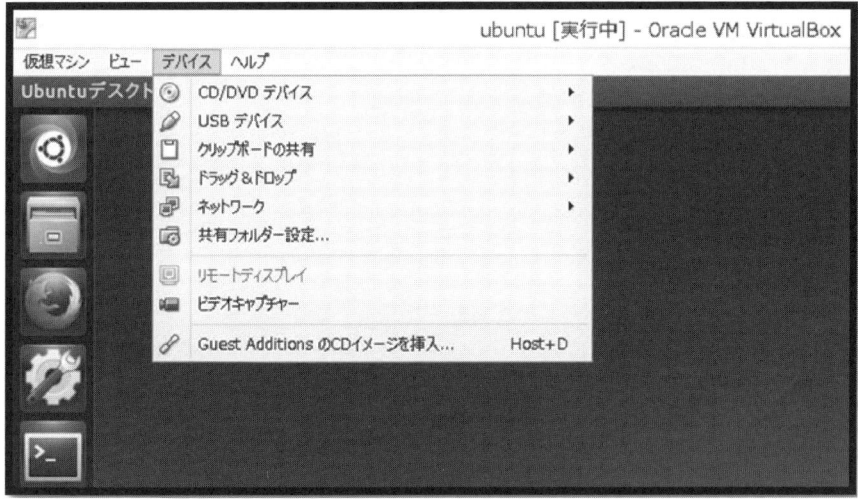

図 1.7 に示すようにクリップボードを共有化して, ホスト OS とゲスト OS 間でのコピー／ペースト機能を設定するには, VM VirtualBox マネージャーの「設定」ボタンをクリックし,「一般」をクリックして「高度」タブの「クリップボードの共有」と「ドラッグ＆ドロップ」で「双方向」を選択します.

図 1.7 の「共有フォルダー」をクリックし, 右端の新規共有フォルダの追加ボタン 🗁 をクリックして Windows 上の共有フォルダを設定します.「共有フォルダーの追加」ダイアログボックスでは「自動マウント」にチェックを入れます.

図1.7 コピー／ペースト機能の設定

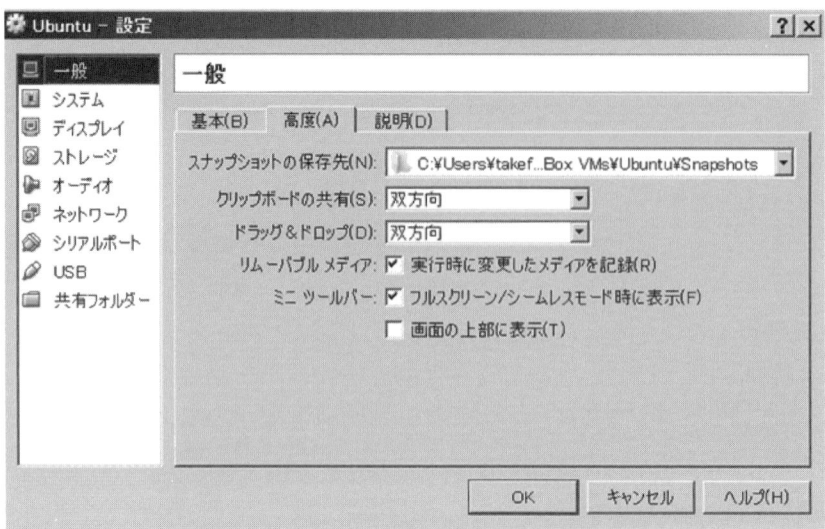

1.2 ゲスト OS Ubuntu に Arduino 開発環境の構築

　Ubuntu に Arduino の開発環境をインストールします．Launcher に Lock した「Terminal」をクリックします．次のコマンドを実行してコマンドモードの Arduino 開発環境を構築します．

```
$ sudo su
```

　スーパーユーザーになります．スーパーユーザーでないと，システムにインストールできません．
　「apt-cache search xxx」で xxx 関連のパッケージを検索できます．

```
# apt-cache search arduino
```

　このコマンドで，以下の arduino に関するパッケージが検索されます．

　　arduino - AVR development board IDE and built-in libraries
　　arduino-core - Code, examples, and libraries for the Arduino platform
　　arduino-mighty-1284p - Platform files for Arduino to run on ATmega1284P
　　arduino-mk - Program your Arduino from the command line

次のコマンドで arduino-core をインストールします．

```
# apt-get install arduino arduino-core arduino-mk
```

インストールのメッセージが表示されます．
Arduino 環境を構築するには，3つのパッケージをインストールする必要があります．

```
# exit
```

スーパーユーザーを終了し，一般ユーザーに戻ります．

```
$ pwd
/home/your_name
```

pwd コマンドは，作業しているディレクトリを表示します．

```
$ wget http://web.sfc.keio.ac.jp/~takefuji/.bashrc
```

wget コマンドで，.bashrc ファイルをダウンロードします．

```
$ mv .bashrc.1 .bashrc
```

mv コマンド[†4]で，先ほどダウンロードしたファイル名 .bashrc.1 を，.bashrc に変更します．同じファイル名が存在する場合，ファイル名にカウンタの文字が加わります．.bashrc ファイルはすでに存在しているので，ダウンロードされたファイルは，.bashrc.1 ファイルに自動変更されます．Terminal 上のコマンドは，bash シェルと呼ばれるスクリプト言語を実行しています．

```
$ source .bashrc
```

source コマンドで .bashrc 設定ファイルを有効化します．

```
$ echo $take
http://web.sfc.keio.ac.jp/~takefuji
```

.bashrc の1行目に，$take は http://web.sfc.keio.ac.jp/~takefuji の

[†4] mv コマンドをこのように使うと，.bashrc が上書きで変更されます．重要なファイルを書き換えてしまうことがあるので注意してください．

文字列と同等になる定義がされています．
　echo コマンドは，take の中身を表示します．

```
$ cat .bashrc | sed -n '1p'
take='http://web.sfc.keio.ac.jp/~takefuji'
```

　.bashrc の 1 行目の定義を表示しました．
　sed コマンドは stream editor コマンドで，複雑な文字列の操作ができます．
　最近では，Linux OS のデフォルトシェルは，bash シェルになってきています．さまざまな設定は，.bashrc で処理します．
　Arduino 開発環境が正しくインストールされているか確かめてみましょう．

```
$ wget $take/bmp180.tar
```

bmp180.tar ファイルをダウンロードします．
　このコマンドは，

```
$ wget http://web.sfc.keio.ac.jp/~takefuji/bmp180.tar
```

コマンドの実行と等しくなります．

```
$ tar xvf bmp180.tar
```

bmp180.tar ファイルを解凍します．
　「tar xvf xxx.tar」コマンドは，xxx.tar ファイルを解凍します．
　「tar cvf xxx.tar xxxx」コマンドは，xxxx ディレクトリ内のすべてのファイルを圧縮して 1 つの xxx.tar ファイルに変換します．

```
$ cd bmp180
$ make
```

次のメッセージが出たら成功です．

```
Device: ATmega328P
Program:    7920 bytes (24.2% Full)
(.text + .data + .bootloader)
Data:        538 bytes (26.3% Full)
(.data + .bss + .noinit)
```

make コマンドによって，Arduino 開発環境を利用して，目的の xxx.hex ファイルを生成します．この xxx.hex ファイルは Intel hex 形式のファイルで，AVR ライターを使って，直接 ATmega328P にプログラムを書き込めます．make コマンドは，Makefile ファイルを探して，実行します．Makefile は重要なので，後ほど詳しく説明します．

「$ `ls build`」に続いて「Tab」キーを押せば「`build`-atmega328/」と表示されます．bmp180.hex ファイルを確認してください．

> **覚えておきたい Linux コマンド**
> apt-cache search xxx, apt-get remove xxx, pwd, wget xxx, mv, source, echo xxx, bash, tar xvf xxx.tar, tar cvf xxx.tar xxx, make

1.2.1 エラー（errors）の基本的な対処法と Windows の不要ファイルの消去

さまざまなエラーがありますが，重要なことは，エラーを発生する原因を探り解決することです．初心者にとってエラーメッセージを見ても，その原因などさっぱり検討すらつかないと思います．一番簡単な解決方法は，世界中の知恵を利用することです．つまり，エラーメッセージの一部あるいは全体を"（半角ダブルクォート）で囲って，ダブルクォートを含んだキーワードを使って検索することです．

🔍 "エラーメッセージまたはその一部"

google 検索には，google.co.jp サイトを使った検索と google.com の検索があり，検索結果は異なります．したがって，エラーメッセージに日本語が含まれる場合は，日本語の部分を削除して，検索してください．

少し高度になりますが，Linux では，逐次エラーログも /var/log/dmesg ファイルに書き込んでいます．関係ある部分を切り取って，検索してください．

🔍 "dmesg の一部のキーワード"

どうしても解決できないときはどうすればよいでしょうか？ 筆者の場合は，時間をかけないで別の方法を考えます．たとえば，Ubuntu や Debian の共有化の機能（Linux と Windows の間での共有フォルダ）がうまくいかない場合は，ブラウザ（Firefox や Chrome）から gmail を利用して，ファイル転送します．

初心者が陥りやすい一番の問題は，本の通りやっているのに，うまくいかないという問題です．使っているパソコンや OS の細かいバージョンによって，問題の状況が変わります．また，

OSに組み込まれているデバイスドライバや組み込まれているチップによっても問題が異なります．

したがって，解決の王道レシピは，

1. 英語と日本語でそれぞれgoogle検索して，同じ悩みを抱える人を探し，解決方法を探ることです．
2. とにかく，いろいろな解決方法を試してみることです．
3. 冷静になって，別の方法を考えたり工夫することです．
4. 何が起きても大丈夫なように，パソコンの重要なファイルは必ずバックアップしておきます．

Windowsでは，ゴミファイルがたまっていく仕組みになっているので，パソコンのスピードがドンドン遅くなっていきます．原因のゴミファイルを消すことは重要です．ハードディスクのプロパティを右クリックで開き，「ディスクのクリーンアップ」を実行します．また，Windowsの「スタート」メニューの「プログラムとファイルの検索」や「検索」に，「%tmp%」を入力し，不要なすべてのファイルやフォルダを削除してください．

エクスプローラーなどでコンピューターやPCを右クリックしプロパティを開き，「システムの詳細設定」をクリックし，「パフォーマンス」の「設定」ボタンをクリックし，「パフォーマンスを優先する」にチェックを入れます．

復元ポイント情報がたまってくると，ディスク容量を圧迫していきます．エクスプローラーなどでハードディスクのプロパティを右クリックで開き，「ディスクのクリーンアップ」を実行します．「ディスクのクリーンアップ」にある「システムファイルのクリーンアップ」をクリックすると開くダイアログボックスで，「その他のオプション」タブにある「システムの復元とシャドーコピー」の「クリーンアップ」ボタンをクリックすると，最新だけを残して，過去の復元情報を削除できます．

CCleaner[†5]などを用いて，定期的にゴミファイルやレジストリを掃除することも重要です．

1.2.2　Linuxのupdateとupgrade

Linuxでは，パッケージのバグを修復したり，セキュリティホールを解決したりするために，updateとupgradeコマンドが用意されています．updateコマンドは，アップデートするための情報リストをダウンロードします．upgradeコマンドはアップデートリストに基づいてパッケージを置き換えていきます．環境設定した後にアップデートした場合，不具合が生じることがよくあります．一番多い不具合の現象は，仮想マシンにおけるコピー／ペースト機

---

†5　https://www.piriform.com/ccleaner/download/standard

能や，共有フォルダの問題です．時間があれば，練習のつもりで，アップデートしてもよいかと思います．

　システムアップデートをしないと，インターネットに接続したときに脆弱性をさらけ出すことになりますが，アップデートしたからといってセキュリティ問題が完璧になるわけではありません．Ubuntu 14.04，14.04.1，14.04.2 を試しましたが，update と upgrade をすると，いずれも共有フォルダの問題が発生しました．現在のところ，仮想マシンの共有化機能を優先したいのであれば，update や upgrade はしない方がよいようです．あるいは，update，upgrade して，共有化機能を使わずに，たとえば，ブラウザを利用してファイルを転送します．

　次のコマンドで update/upgrade できます．

```
$ sudo su
# apt-get update
# apt-get upgrade
```

　1 回の upgrade だけではアップデートできない場合があります．その場合は，次のコマンドを実行します．

```
# apt-get dist-upgrade
```

システム問題解決用のコマンドがいくつかあります．

```
# apt-get install -f
# apt-get update --fix-missing
```

いらなくなったパッケージのお掃除コマンドとして，次のコマンドがあります．

```
# apt-get autoremove
# apt-get autoclean
```

　「apt-get update」，「apt-get upgrade」の 2 つのコマンドで，インストールされているすべてのライブラリを最新版にインストールする命令です．しかしながら，「apt-get update」でエラーが生じる場合は，次の dpkg コマンドを実行します．

```
# dpkg --configure -a
```

　再び，update コマンドを実行します．

```
# apt-get update
```

再び，upgrade コマンドを実行します．

```
# apt-get upgrade
```

何らかの原因で，ライブラリ xxx のインストール障害が発生する場合，次のコマンドで xxx をアンインストールします．

```
# apt-get remove xxx
```

または，

```
# dpkg -P --force-all xxx
```

-P オプションは Purge（すべてを消し去る）です．

それでもエラーが消えない場合は，dpkg や apt-get をだます必要があります．この問題を解決するには，/etc/init.d/ フォルダに，xxx ファイルを作ります．その xxx ファイルの中身は，

```
# cat /etc/init.d/xxx
#!/bin/bash
exit 0
```

です．

また，ファイル xxx へのアクセス権限を次の chmod コマンドで変えます．

```
# chmod 755 /etc/init.d/xxx
```

ここで，もう一度，次のコマンドを実行すれば，問題は解決できるはずです．

```
# dpkg -P --force-all xxx
```

Linux を再起動したい場合に，何らかの原因で Raspberry Pi2 の OS の不具合によって，Bus error や暴走を起こしている場合，再起動できないことがあります．最後の手段がお助けコマンドです．お助けコマンドを使うと再起動が可能です．

```
# echo 1 > /proc/sys/kernel/sysrq
# echo b > /proc/sysrq-trigger
```

1.2.3　Cygwin のインストール

　Windows のコマンドプロンプトは機能が低いので，Windows 上に Cygwin をインストールすると，Linux と同じように快適なコマンドライン環境を実現できます．

　次のサイトからセットアップファイルをダウンロードし，ダブルクリックしてインストールします．

　　https://cygwin.com/install.html

　このサイトから `setup-x86.exe`（32 ビット）もしくは `setup-x86_64.exe`（64 ビット）をダウンロードして，実行します．「Cygwin Setup」ダイアログボックスが表示されますので，指示に従ってインストールしてください．「Cygwin Setup - Select Packages」ダイアログボックスが表示されるので，インストールするパッケージを選択します．vim, wget, openssh, expect, unzip などはインストールした方がよいでしょう．ダイアログボックスの「Search」にキーワードを入力すると，パッケージを絞り込むことができます．`setup-x86.exe`（32 ビット）もしくは `setup-x86_64.exe`（64 ビット）を再度実行すれば，パッケージを追加することができるので，最初にインストールするときは上記以外の追加のパッケージはあまり気にしないでもいいでしょう．

　日本語化したい場合は，次のサイトから `ck-3.3.4.zip`（64 ビットの場合は `ck-3.6.4.zip`）をダウンロードします．

　　http://www.geocities.jp/meir000/ck/

　`ck-3.3.4.zip`（もしくは `ck-3.6.4.zip`）を解凍すると，`bin` フォルダには 4 つのファイルがあります．

　　.ck.config.js　ck.app.dll　ck.con.exe　ck.exe

　`.ck.config.js` ファイルだけ，Cygwin をインストールした `cygwin`（64 ビットの場合は `cygwin64`）フォルダの `/home/your_name` フォルダに置きます．`your_name` は Windows のユーザー名になります．何度も書きますが，ユーザー名は日本語にしないのが鉄則です．それ以外のファイルは `/bin` フォルダに置きます．`ck.exe` のショートカットを作成し，デスクトップに置きます．デスクトップの `ck.exe` のショートカットをダブルクリックすると Cygwin が立ち上がります．なお，このショートカットの作業フォルダはデフォル

トでは cygwin/bin になっているので，cygwin/home/your_name に修正してください．

　Windows で英語の特権ユーザー名にするには，ユーザーアカウントで英語名の特権ユーザーを新たに作成し，正しく動作することを確認してから，日本語名のユーザーを削除します．Cygwin をすでにインストールしている場合は，削除してから，再インストールしてください．何が起こっても大丈夫なように，大事なファイルは必ずバックアップしておきましょう．

　Cygwin を起動するのは，Cygwin Terminal（Windows の「スタート」メニューなどに登録されます），Cygwin.bat（Cygwin をインストールしたフォルダの直下にあります），ck.exe のいずれでもかまいません．

1.2.4　Python ライブラリのインストール

　Windows 上への Python のインストールに関しては，4.1.1 項で詳しく説明します．本書では，Python 2.7.9 を中心に説明しています．

　ここでは，便利な Python 環境として IPython のインストールについて取り上げます．IPython は Python を対話的に実行するためのシェルです．

　Windows の開発環境は大変重要です．Windows が用意しているコマンドプロンプトは非力なので，Cygwin をインストールしてください（1.2.3 項参照）．Python 2.7.9 をインストールしてから（4.1.1 項参照），ライブラリをインストールします．

　ライブラリのインストーラを，まずインストールする必要があります．Cygwin を起動して，次のコマンドで pip のインストーラをダウンロードします[6]．

```
$ wget https://bootstrap.pypa.io/get-pip.py
```

次のコマンドでライブラリインストーラ pip がインストールできます．

```
$ python get-pip.py
```

pip コマンドの使い方は，次の通りです．

```
$ pip install xxx
```

ライブラリ xxx をインストールします．

---

[6] Python のインストールの際に pip ライブラリがインストールされているかもしれません．「pip --version」で確認できます．インストールされているようなら，再度インストールする必要はありません．ただし，「pip install pip -U」でアップデートしておいてください．

```
$ pip list
```

インストールされているライブラリ名を表示します．

```
$ pip install xxx -U
```

ライブラリ xxx をアップデートします．

```
$ pip list --outdated
```

現在インストールされているライブラリのバージョンと最新バージョンを表示します．

```
$ pip uninstall xxx
```

xxx ライブラリをアンインストールします．

次に，IPython[7] をインストールします．次のサイト（Unofficial Windows Binaries for Python Extension Packages）から IPython をダウンロードしてください．多くのライブラリがありますが，ブラウザの検索機能を使って探してください．

http://www.lfd.uci.edu/~gohlke/pythonlibs/

いくつかのバージョンがありますが，Python のバージョン 2.7 に対応しているファイル名に py27 が記載されている最新バージョン（python-3.2.0-py27-none-any.whl）をダウンロードします．
pip コマンドでインストールします．

```
$ pip install ipython-3.2.0-py27-none-any.whl
```

その他，次のライブラリが必要です．これらも上記サイトからダンロードします．それぞれ，32/64 ビットの違い，Python のバージョンの違いなどがありますので，対応しているバージョンのライブラリをダウンロードしてください．

setuptools   mistune

---

[7] 本書では，Cygwin で Python プログラム xxx.py を実行するのに，「$ python -i xxx.py」などのコマンドを使っています．その際，ライブラリはインストールしてあるはずなのに，「ImportError」などのエラーメッセージで実行できない場合があるかもしれません．そのような場合は，「$ ipython qtconsole」で IPyhton のコンソールを起動し，「%run xxx.py」で実行してみてください．

pyzmq	rpy2
tornado	pycairo
Pyreadline[8]	matplotlib
Pygments	PyQt4 もしくは pyside
MarkupSafe	pandoc[9]
patsy	pandas
Pillow	Jinja2

その他，必要に応じて

少し手間ですが，上記のライブラリは必ず頑張ってインストールしてください．

また，`easy_install` コマンドでも，簡単にライブラリをインストールできます．大きいライブラリの場合は，Windowsでは少し難しいのですが，バイナリを次のサイトからダウンロードしてインストールしてください[10]．

http://www.lfd.uci.edu/~gohlke/pythonlibs/

たとえば，OpenCVライブラリをインストールする場合，`opencv_python-2.4.11-cp27-none-win_amd64.whl` をダウンロードし，次のコマンドでインストールできます．

```
$ pip install opencv_python-2.4.11-cp27-none-win_amd64.whl
```

Ubuntuでは，Pythonの基本ライブラリはすでにインストールされていますが，上述のpipコマンドやeasy_installコマンドだけでなく，「`apt-get install xxx`」コマンドでインストールできます．Pythonライブラリの名前を知りたい場合は，次のコマンドを実行します．

```
$ apt-cache search python|grep xxx
```

xxxはライブラリの名前です．

---

[8] Web検索して，インストーラ（Windows実行ファイル）を探してください．
[9] 外部サイトへのリンクが張られています．インストーラ（Windows実行ファイル）を実行してください．
[10] Pythonをインストールした際にインストールされているかもしれません．「`easy_install --version`」で確認してください．Webでは「setuptools」で検索してください．setuptoolsに含まれているコマンドです．

1.3 AVRライターの製作

FT232RLは，定番のUSBシリアル変換モジュールです．このFT232RLを用いて，比較的簡単に自前のAVRライターを製作できます（図1.8）．Arduino開発環境を利用して生成したxxx.hexファイルをATmega328Pに書き込みます．その書き込む道具は，ライターと呼ばれます．IoTデバイスの試作機を作る場合，0.65 mmの単線を使って配線していきます．単線は，ブレッドボードに差し込んでいきます．必要な部品は，次の4つです．

図1.8 AVR ライター（FT232RL）

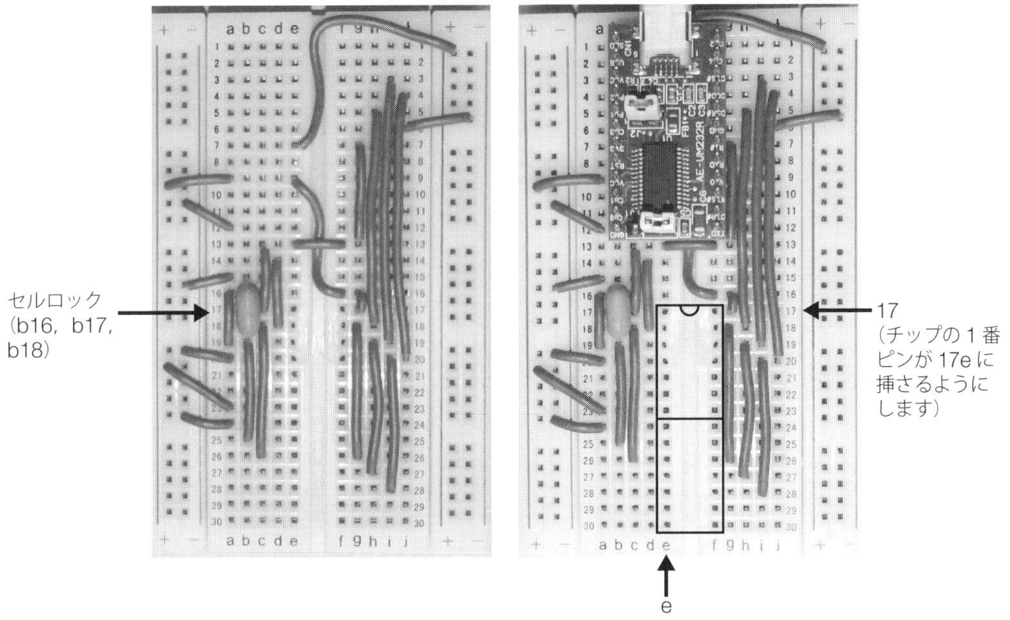

セルロック
（b16, b17, b18）

17
（チップの1番ピンが17eに挿さるようにします）

e

1. FT232 USB シリアル変換モジュール（予備も含めて2個）
   FT232を使用したUSBシリアル変換モジュールのキット（800円）
   http://akizukidenshi.com/catalog/g/gK-06693/
   または，
   FT232を使用したUSBシリアル変換モジュール（950円）
   http://akizukidenshi.com/catalog/g/gK-01977/
2. ブレッドボード（ライター用とIoTデバイス用に2個）
   http://akizukidenshi.com/catalog/g/gP-05294/ （200円）
3. セルロック 9.22 MHz（1個）
   http://akizukidenshi.com/catalog/g/gP-00553/

4. 0.65 mm 単線は 2 m あれば十分ですが，IoT デバイスを考えると 10 m 以上必要です．

　道具としては，0.65 mm 単線に対応したワイヤーストリッパーだけです．注意しなくてはいけないことは，単線をストリップする長さです．ブレッドボードの厚みとほぼ同じにすることです．単線のストリップ長が長すぎると隣と接触してしまいます．また，単線のストリップ長が短いと接触不良を起こします．

　単線の配線を上手にしたければ，単線の片方をストリップしてから 1 つの穴に差し込みます．ストリップ長を考慮して，別の片方の単線を切断し，ストリップすれば，配線がうまくいきます．悪い例では，ブレッドボード上に，スパゲッティ状態の配線を見かけますが，誤配線を発見しにくく，よくありません．

　本書の AVR ライターは，28 ピンの ATmega328P，ATmega168，ATmega8，8 ピンの Tiny45，Tiny85，Tiny13 などに対応しています．8 ピンチップの場合は，ブレッドボードの穴 17e にチップの 1 番ピンが挿さるようにします．28 ピンチップでも同様に，チップの 1 番ピンが穴 17e に挿さるようにします．3 本足のセラロックは，ブレッドボードの穴 b16，b17，b18 に挿します．

1.4 AVR ライターを使った AVR マイコンへの書き込み

　1.2 節で Arduino の開発環境ができていれば，VMware Player を起動し，Ubuntu を立ち上げます．Ubuntu に Arduino の開発環境ができていない場合は，1.2 節を参照して完了してください．

　AVR ライターが正しく動作しない原因の多くは，単線の配線です．単線 23 本の配線が正しくても，単線のストリップ長が適切でなければ，接触不良を起こします．まれに，FT232RL の不良がありますが，FT232RL を 2 個購入して，2 つとも同時不良は考えられません．思い切って，すべての単線 23 本をブレッドボードから引き抜いて，すべての単線のストリップ長（裸の金属線の長さ）を確認してから，もう一度配線しましょう．

　次の 3 つのいずれかの方法で，AVR マイコンにファームウェアを書き込みます．

1. ゲスト OS（Ubuntu）から書き込む．
2. Windows の GUI（avrdude-GUI）から書き込む．
3. Windows のコマンドプロンプトから書き込む．

それぞれの方法を説明していきます．

　なお，以下の処理を行うには，AVR ライターを通して ATmega328P がパソコンに接続さ

れていて，それぞれの環境で認識されていなければいけません．仮想マシンで書き込むには，仮想マシンに接続機器が認識されている必要があります．仮想マシンに USB などで接続された機器を認識させる設定に関しては，仮想マシンのヘルプや Web で検索してください．

(1) ゲスト OS（Ubuntu）から AVR ライターを使ってファームウェアを書き込む

Ubuntu 上の Launcher にある Terminal を起動します．Terminal に次のコマンドを入力して実行していきます．ダウンロードした Ubuntu では，FT232RL のドライバが組み込まれているので，比較的簡単にファームウェアの書き込みができます．

```
$ which avrdude
/usr/bin/avrdude
```

which コマンドでは，「which xxx」の xxx コマンドの格納場所を表示します．

avrdude コマンドが見つからない場合は，Arduino の開発環境が完成していないので，1.2 節を参照して，Arduino の環境構築を完了してください．

```
$ cd              ←これで，ホームディレクトリに戻る
$ cd bmp180
$ cd build-atmega328
$ sudo su         ←ここでパスワードを入力し，スーパーユーザーになる
# avrdude -c diecimila -p m328p -U flash:w:bmp180.hex -U lfuse:w
:0xe2:m -b 960 -D
avrdude: AVR device initialized and ready to accept instructions
...
avrdude: verifying ...
avrdude: 1 bytes of lfuse verified
avrdude: safemode: Fuses OK (H:07, E:D9, L:E2)
avrdude done.  Thank you.
```

avrdude コマンドは，作成したライターを使って Arduino 環境で生成した xxx.hex ファイルを AVR マイコンに書き込む制御プログラムです．本書で作成したライターは，diecimila という名前で，"-c" オプションでライターの種類を指定できます．"-p" オプションは，チップの種類を設定します．

「-U flash:w:bmp180.hex」で，bmp180.hex をフラッシュメモリに書き込みます．"-b" オプションはライターの書き込みスピード（ボーレート）を設定します．"-D" オプションは，チップ消去を無効にするオプションです．

(2) Windows の GUI から AVR ライターを使ってファームウェアを書き込む

次のサイトから avrdudegui.exe ファイルをダウンロードしてください．

```
http://web.sfc.keio.ac.jp/~takefuji/avrdudegui.exe
```

ダウンロードしたファイルをダブルクリックすると，avrdudegui.exe ファイルのあるフォルダに avrdude-GUI.exe がインストールされます．

ゲスト OS（Ubuntu）で生成した bmp180.hex ファイルをホスト OS（Windows）に転送する必要があります．一番簡単な方法は，共有フォルダを設定することです．Ubuntu と Windows は共有フォルダを設定しているので，次のコマンドで，bmp180.hex ファイルを Windows の共有フォルダにコピーできます．Ubuntu 上の Terminal から入力します．

```
$ cd
$ cd bmp180/build-atmega328
```

VMware Player の場合は，次の cp コマンドで Windows のデスクトップの ubuntu フォルダにコピーできます．

```
$ cp bmp180.hex /mnt/hgfs/ubuntu/
```

VM VirtualBox の場合は，次のコマンドです．

```
$ cp bmp180.hex /media/sf_ubuntu/
```

何らかの原因で共有化機能がうまくいかない場合は，ブラウザ（デフォルトは Firefox）から gmail を利用して，添付ファイル（bmp180.hex）で送ります．

avrdude-GUI.exe をダブルクリックすると，図 1.9 に示す画面が現れます．「Programmer」ドロップダウンリストから「diecimila」を選びます．「Device」ドロップダウンリストから「m328p」を選びます．また，「Command line Option」には「-P ft0 -B 115200」を入力します．次に，AVR ライターをパソコンの USB に接続します．チップの 1 番ピンを考えて，ATmega328P をライターに挿し，「Fuse」の「Read」ボタンをクリックすると，「Fuse」の各項目に ATmega328P の Fuse 情報が読み込まれます．新品の ATmega328P であれば，「lFuse」には「62」が表示されます．ボーレートが速すぎて問題が発生する場合は，「Command line Option」で「-P ft0 -B 9600」に変更してください．「lfuse」を「E2」に変更するために，「E2」を「lfuse」に入力し，「Write」ボタンをクリックして変更します．

「Flash」にファームウェアを書き込む場合は，「Flash」の ■ ボタンをクリックし，bmp180.hex ファイルを参照してから，「Erase - Write - Verify」ボタンをクリックして書き込みます．

図1.9 avrdude-GUIのスタート画面

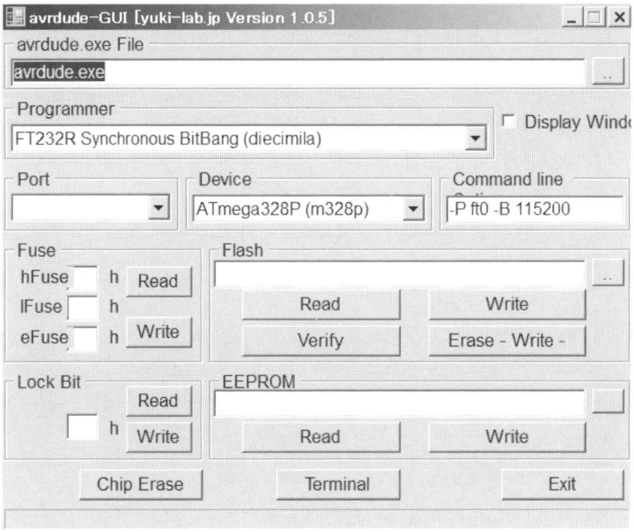

（3）Windowsのコマンドプロンプトから書き込む

avrdude-GUIがうまくいかない場合は，bmp180.hexファイルをavrdude-GUI.exeがあるフォルダにコピーします．ここではC:¥dev¥avrdudeにあるとします．Windowsの「スタート」－「アクセサリ」もしくは「Windowsシステムツール」にある「コマンドプロンプト」から，次のコマンドを実行します．

```
> cd C:¥dev¥avrdude
> avrdude -c diecimila -p m328p -P ft0 -t
avrdude: BitBang OK
...
avrdude> quit
```

上のメッセージが出れば，成功です．quitと入力して終了し，次のコマンドを実行してください．

```
> avrdude -c diecimila -p m328p -P ft0 -U flash:w:bmp180.hex
-U lfuse:w:0xe2:m
```

Cygwinをインストールしている場合も同様に，bmp180.hexファイルのフォルダにcdしてから，上の命令を実行します．avrdudeの命令がCygwinのpathに入っていない場合は，エラーになります．Cygwinのホームフォルダ内にある，.bashrcに次の行を書き込んでください．

```
PATH="/cygdrive/c/dev/avrdude/":$PATH
```

　$PATHはデフォルトのpathのことです．

　一般にWindowsには，FT232RLのデバイスドライバがプリインストールされていますが，まれにない場合があります．その場合は，次のサイトから必要なファイルをダウンロードして，インストールしてください．

```
http://www.ftdichip.com/Drivers/D2XX.htm
```

あるいは，

```
http://www.ftdichip.com/Drivers/VCP.htm
```

　自動的にデバイスドライバはインストールされますが，Windowsマシンの再起動が必要です．

覚えておきたいLinuxコマンド
```
which, cp, avrdude
```

Chapter 2
IoT デバイスのハードウェアとインターフェース

ここでは，8 ビット AVR マイコンを中心にハードウェアとインターフェースを解説します．本書で解説する方法は，32 ビット ARM マイコン開発にも，そのまま応用可能です．マイコンは microcontroller の略で，内部は CPU と不揮発性メモリ（Flash メモリ，EEPROM メモリ）と揮発性メモリ（SRAM）および入力（ディジタルとアナログ）・出力（ディジタル）から構成されます．不揮発性メモリとは，電気を供給しなくてもメモリの内容を保持し消えません．一方，揮発性メモリでは電気供給がなくなると，メモリの内容が消えます．

たとえば，ATmega328P には，32 k バイトの Flash メモリにプログラムを格納し，1 k バイトの EEPROM メモリ，2 k バイトの SRAM にプログラムの変数を格納します．ATmega328P の I^2C（i2c）インターフェースや SPI インターフェースを使って，センサーや液晶などの制御をします．ATmega328P のシリアルインターフェース（UART 送受信）を経由して，インターネットに接続します．

本書では，次の 6 つのインターネット接続方法を，詳しく説明していきます．本書で述べる IoT デバイスとは，影を付けた部分のことです．説明の中の「パソコン」は，Raspberry Pi2 や BeagleBone などの組み込みシステムに置き換えることもできます．

IoT AVR デバイス + USB シリアル ⇔ USB + パソコン ⇔ インターネット
IoT AVR デバイス + Bluetooth シリアル ⇔ Bluetooth + パソコン ⇔ インターネット
IoT AVR デバイス + Wi-Fi シリアル ⇔ 無線 LAN ルータ ⇔ インターネット
IoT AVR デバイス + Wi-Fi 機能付き SD カード ⇔ 無線 LAN + パソコン ⇔ インターネット
IoT AVR デバイス + Bluetooth シリアル ⇔ Bluetooth + Android ⇔ インターネット
IoT ARM デバイス + USB_LTE モデム ⇔ インターネット

多くのチップは，反時計方向にピン番号が振られています．チップのデータシートを見るとき，注意しないといけないのは TOP view と BOTTOM view です．TOP view の場合は，

上から見たピン配置，BOTTOM view は下から見たピン配置です．記述がない場合は，デフォルトは TOP view です．電源の配線を間違えると，チップが燃えたりすることもあるので，注意してください．

2.1 IoT デバイスを構成する AVR マイコン

ATmega328P は 28 ピンのチップで，図 2.1 に示すように 1 つのシリアルポート（RXD と TXD），1 つの i2c インターフェース（SCL と SDA），1 つの SPI インターフェース（SCK, MISO, MOSI, RESET），6 つのアナログ入力ピン，23 本のディジタル入出力ピンがあります．

図 2.1　ATmega328P のピン構成

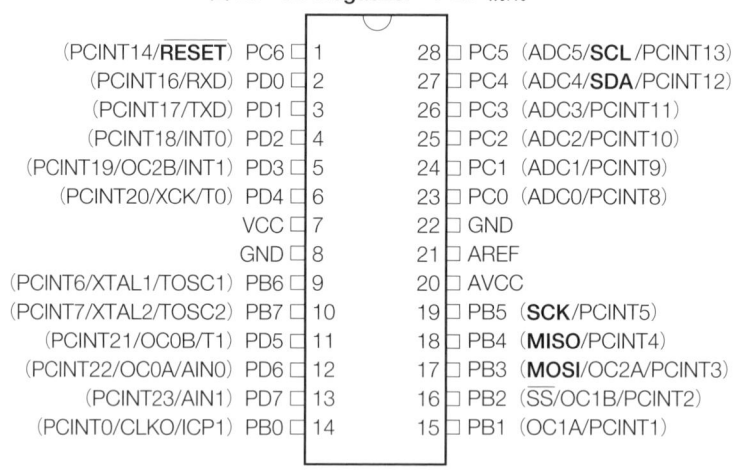

```
(PCINT14/RESET)  PC6  1      28  PC5 (ADC5/SCL/PCINT13)
   (PCINT16/RXD) PD0  2      27  PC4 (ADC4/SDA/PCINT12)
   (PCINT17/TXD) PD1  3      26  PC3 (ADC3/PCINT11)
  (PCINT18/INT0) PD2  4      25  PC2 (ADC2/PCINT10)
(PCINT19/OC2B/INT1) PD3 5    24  PC1 (ADC1/PCINT9)
 (PCINT20/XCK/T0) PD4 6      23  PC0 (ADC0/PCINT8)
                 VCC  7      22  GND
                 GND  8      21  AREF
(PCINT6/XTAL1/TOSC1) PB6 9   20  AVCC
(PCINT7/XTAL2/TOSC2) PB7 10  19  PB5 (SCK/PCINT5)
  (PCINT21/OC0B/T1) PD5 11   18  PB4 (MISO/PCINT4)
(PCINT22/OC0A/AIN0) PD6 12   17  PB3 (MOSI/OC2A/PCINT3)
     (PCINT23/AIN1) PD7 13   16  PB2 (SS/OC1B/PCINT2)
  (PCINT0/CLKO/ICP1) PB0 14  15  PB1 (OC1A/PCINT1)
```

Arduino では，ピンの機能に制限を設けています．したがって，Arduino のプログラム環境下では，ATmega328P が Arduino チップとして機能設定され番号が振られてます．たとえば，Arduino のディジタル入出力は，0（ATmega328P の 2 番ピン）から 13（ATmega328P の 19 番ピン）の 14 本です．

Arduino のアナログ入力は，A0（ATmega328P の 23 番ピン）から A5（ATmega328P の 28 番ピン）の 6 本です．Arduino のシリアルは RXD（受信：ATmega328P の 2 番ピン）と TXD（送信：ATmega328P の 3 番ピン）です．i2c のピン（SCL：ATmega328P の 28 番ピン，SDA：ATmega328P の 27 番ピン），SPI のピン（SCK, MISO, MOSI, RESET）を，図 2.2 に示しました．

図 2.2 Arduino（ATmega328）のピン構成
(http://jobs.arduinoexperts.com/2013/03/02/arduino-atmega-pinout-diagrams を加工)

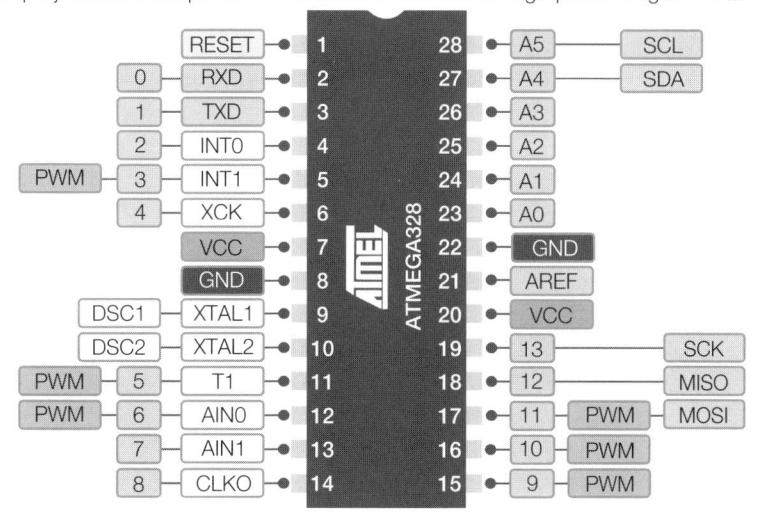

　注意が必要なことは，i2c も SPI インターフェースもプルアップ抵抗が必要です．プルアップ抵抗とは，プラスの電源（3.3 V や 5 V）と i2c や SPI のそれぞれのピンとの間に接続された 10 kΩ 程度の抵抗のことです．

　複数のプルアップ抵抗が並列にある場合は，インピーダンス（交流での抵抗値）が低くなりすぎるので，誤動作の原因になります．また，i2c インターフェースでは，バス共有ができるので複数のデバイスをバス接続できますが，SPI は共有できません．したがって，半田付け基板モジュールに接続されたプルアップ抵抗の値を確認する必要があります．

　Arduino では，i2c のプログラムには `Wire.h` のパッケージを利用します．SPI のプログラムには `SPI.h` を利用します．オープンソースパッケージの使い方を重視しながら，最低限の知識で，これらのパッケージを利用できるように説明します．

　センサーデバイスによっては，`Wire.h` や `SPI.h` 以外にデバイスドライバのパッケージが必要になることがあります．Chapter 3 で詳しく解説します．

　一般に，オープンソースソフトウェアを活用して，IoT デバイスを開発するには，

1. チップ名を使ってオープンソースソフトウェアを検索し，ダウンロードします．たとえば，2 つのキーワード

   🔍 bmp180 arduino

   で検索しダウンロードします．あるいは，3 つのキーワード

Chapter 2 IoTデバイスのハードウェアとインターフェース

> 🔍 bmp180 arduino github

で検索します．この例では，bmp180 はチップ名です．
2. スケッチと呼ぶ xxx.ino とライブラリ（xxx.cpp や xxx.h ファイル）を同じフォルダに入れます．
3. xxx.ino を自分の用途に合わせて変更し，書き換えます．
4. Makefile をダウンロードするか，自作します．

Chapter 2 では，これらの4つのステップを具体的に説明します．初心者のために用意した xxx.tar をダウンロードすれば，すべてのファイルがそろっていますので，参考にしてください．ほとんどの場合，Cygwin もしくは Ubuntu で次のコマンドを利用してファイルをダウンロードします．Cygwin でも $take を設定してください（19～20ページ参照）.

```
$ wget $take/xxx.tar
```

TQFP パッケージの ATmega328 の場合は，図 2.3 に示すような Arduino ピン配置になります．図 2.4 には ATmega1284P の Arduino ピン配置を示します．その他の Arduino として，8 ピンの Tiny85 などもあるので，オープンソースを活用してください（図 2.5）．

図 2.3 TQFP パッケージ（ATmega328）の Arduino ピン配置
(http://www.hobbytronics.co.uk/arduino-atmega328-pinout)

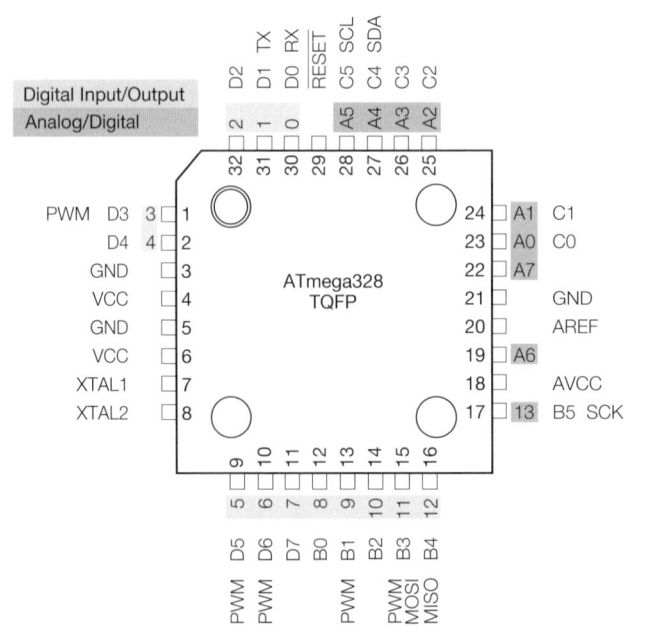

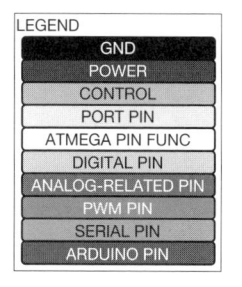

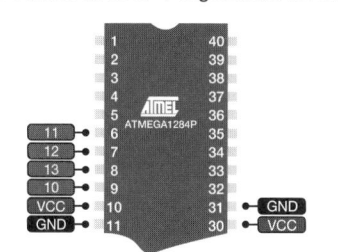

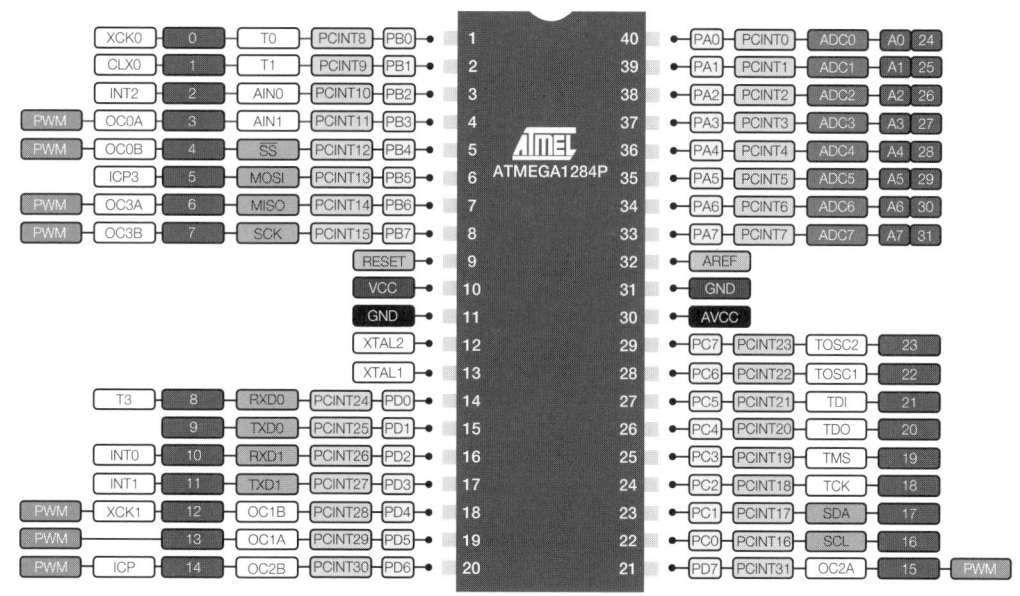

2.1 IoTデバイスを構成するAVRマイコン

図2.4　ATmega1284PのArduinoピン配置
（http://forum.arduino.cc/index.php?topic=118773.0）

Chapter 2 IoT デバイスのハードウェアとインターフェース

図 2.5 その他のチップの Arduino ピン配置
（http://fc04.deviantart.net/fs70/f/2013/038/3/7/attiny_web_by_pighixxx-d5u4aur.png）

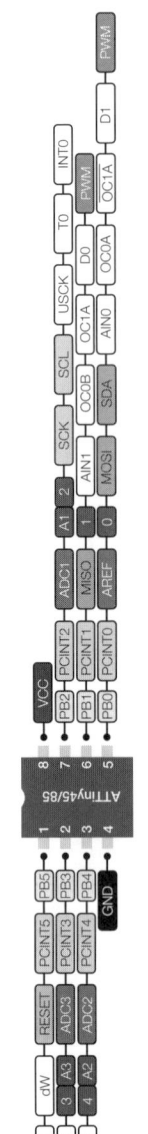

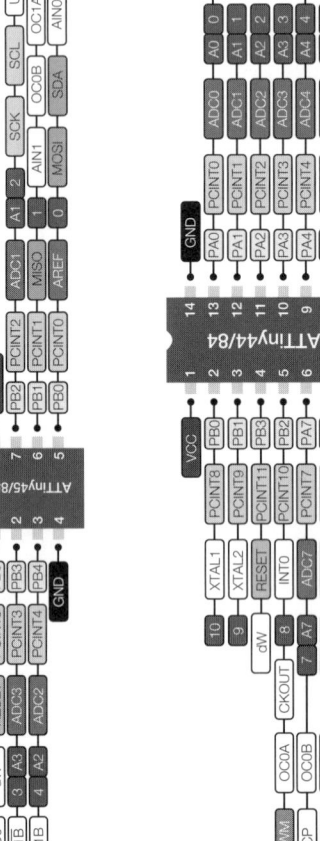

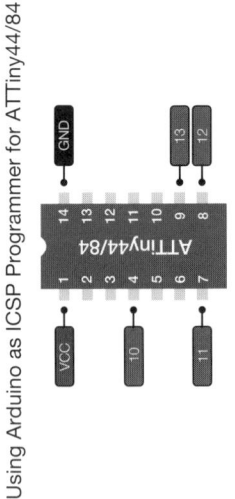

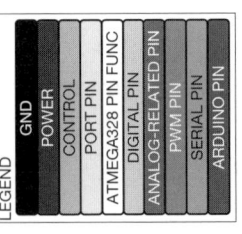

2.1.1　Arduinoのディジタル入出力とアナログ入出力

　Arduinoには，ディジタル入力・出力（0から13番ピン）とアナログ入力（A0からA5番ピン）の3つのモードがあります．ピン番号を指定して，ディジタル出力に設定するには，次のようにpinMode()関数を使います．

```
pinMode(9, OUTPUT);
```

ディジタル9番ピンをHIGHやLOWにするには，次の関数を使います．

```
digitalWrite(9, HIGH);
digitalWrite(9, LOW);
```

9番ピンのディジタル入力設定は，同様に次の関数を使います．

```
pinMode(9,INPUT);
```

次の関数で，変数val（int，整数）に9番ピンの入力値が代入されます．

```
int val ;
val = digitalRead(9);
```

A5番ピンのアナログ入力の設定および読み込みは，次の関数で行います．

```
analogRead(5);
```

　Arduinoには，ATmega328Pにはない，ソフトウェア実装のアナログ出力が用意されています．次の関数で，どのピンでもアナログ出力できます．

```
int val;                  ←valの整数は0から255の値にする
pinMode(9, OUTPUT);
analogWrite(9, val);
```

　たとえば，5番ピンのアナログ入力値を，9番ピンにアナログ出力したい場合は，次のようになります．

```
int val;
val=analogRead(5);        ←valは0から1023の値になる
pinMode(9, OUTPUT);
analogWrite(9, val/4);    ←val/4の値は0から255の値になる
```

2.2 IoT デバイスを構成するセンサーと駆動部品

現在のセンサーのほとんどが MEMS（Micro Electro Mechanical Systems：微小電気機械システム）技術で製造されています．MEMS は，電気回路（制御部）と微細な機械構造（駆動部）を 1 つの基板上に集積させた部品（デバイス）ですが，日本企業のほとんどが撤退しているので，本書で紹介するほとんどの部品は，外国製のセンサーになります．2.2.1 項で，気圧センサー（BMP180）を説明しながら，具体的な IoT デバイスのためのオープンソースの活用例とオープンソースを使った Python アプリケーションを解説します．

2.2.1 i2c インターフェースの気圧センサー（BMP180）

最初に紹介する気圧センサーは，ドイツ企業の Bosch 社が開発した BMP180 です．BMP085 の後継機種なので，同じソフトウェアでどちらのチップも動かすことができます．BMP180 では i2c インターフェースを使うので，比較的簡単に IoT が実現できます．この BMP180 は高性能な気圧センサーで，15 cm ぐらいの高度の違いを識別できます．

単純な気圧センサーだけではつまらないので，本書ではインフラサウンドの測定器の設計と実装を紹介します．インフラサウンドとは，人間の耳に聞こえない低周波の横波の音波です．縦波の音波は減衰が速く，到達距離は短くなります．津波と同じく，横波の音波は減衰が少なく，地球の裏側からでも届きます．

自然界におけるインフラサウンドの発生源は，彗星接近，隕石，宇宙ゴミや人工衛星の衝撃，火山爆発，核実験，地震，ロケット発進，雪崩，オーロラなどです（図 2.6）．

これから，将来に役立つ IoT デバイスの最初の例を紹介します．ここでは，40 Hz の速度で BMP180 を使って測定した気圧データ（5 桁か 6 桁のパスカル値）を USB シリアルインターフェースを経由してパソコンに送ります．パソコンでは，送られてくる気圧データをリアルタイムにグラフ化し表示します．さらに，送られてくるデータを FFT 周波数解析し，その結果もリアルタイムに表示します．

IoT デバイスを短時間に作るためには，なるべく半田付けをしないで作ることが重要です．MEMS は一般にチップのサイズが小さく，ピン間のピッチが狭いので半田付けには熟練の技術が必要です．インターネット検索すると MEMS のセンサーチップが半田付けされた基板モジュールが安価で売られています．たとえば，AliExpress, amazon.com, amazon.co.jp, 秋月電子通商, aitendo, sparkfun, adafruit などから購入可能です．

BMP180 の基板モジュールの場合，1 個 1.69 ドルで AliExpress から購入できます．日本円では，送料を入れて 200 円ほどです．基板にはプルアップ抵抗がすでに実装されています．日本では，aitendo からでも購入できます．BMP180 が入った複数のセンサーモジュールで

図 2.6　インフラサウンドの発生源
（http://meteor.uwo.ca/research/infrasound/is_whatisIS.html をもとに日本語テキストなどに修正）

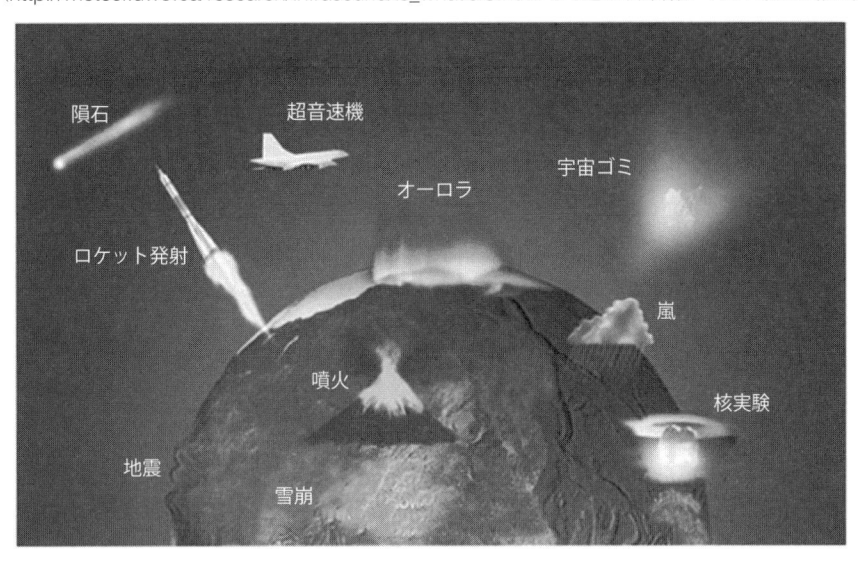

あれば，GY-87（MPU6050 HMC5883L BMP180）が 1 個 1,000 円ほどで購入できます（AliExpress）。

図 2.7 の回路図に示すように，FT232RL（秋月電子通商），ATmega328P（秋月電子通商），BMP180 モジュール（aitendo）の 3 つの部品をブレッドボード（秋月電子通商）に挿し，10 本の単線で配線します。1.2 節で Arduino の環境が成功していれば，bmp180.hex を生成して，ATmega328P にファームウェアを書き込めるはずです。

実際に，Ubuntu 上で bmp180.tar を解凍した bmp180 フォルダを見てみましょう。フォルダには，bmp180.ino, Makefile, SFE_BMP180.cpp, SFE_BMP180.h の 4 つのファイルがあります。一般に，スケッチと呼ばれる xxx.ino ファイルと Makefile は必ず必要なファイルです。同じフォルダ内に 2 つ以上のスケッチがあるとエラーの原因になります。

SFE_BMP180.cpp と SFE_BMP180.h ファイルは，BMP180 モジュールを駆動させるために必要なライブラリになります。.cpp は C++（C プラスプラス）のプログラムファイルで，.h ファイルはヘッダファイルと呼ばれます。それでは，bmp180.ino ファイルを見てみましょう。

Arduino 環境では，xxx.ino ファイルは一番重要なファイルです。チップを駆動するための xxx.cpp や xxx.h ファイルなどのライブラリが必要なこともあります。Makefile はダウンロードしてくるか，簡単なので自作できます。本書では，xxx.tar をダウンロードすれば必要なファイルがすべてそろっていますので，心配しなくても大丈夫です。

Chapter 2 IoT デバイスのハードウェアとインターフェース

図 2.7 BMP180 回路図と実体配線図

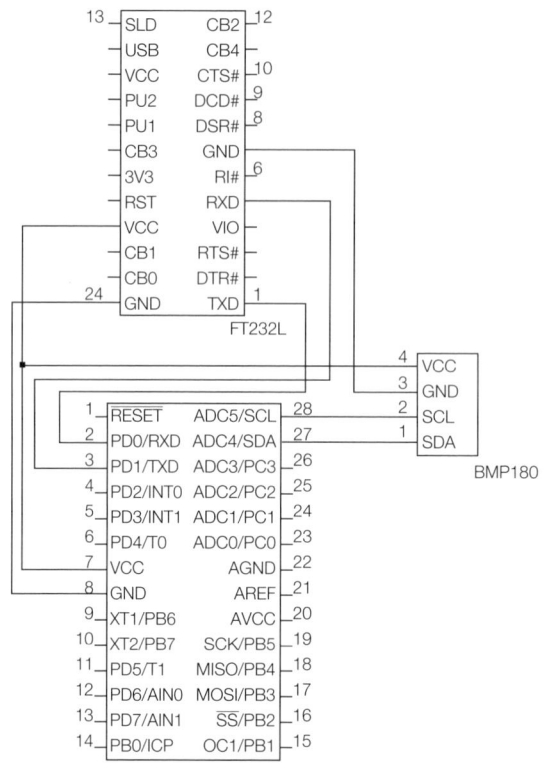

ここでは，.bashrc ファイルの 1 行目に，

```
take='http://web.sfc.keio.ac.jp/~takefuji'
```

が記述してあるはずです．.bashrc ファイルは bash シェルの設定ファイルです．

```
$ echo $take
```

このコマンドで，http://web.sfc.keio.ac.jp/~takefuji が表示されていれば問題ありません．ブランクの場合は，先ほどの 1 行を .bashrc ファイルに入力してください（19 〜 20 ページ参照）．

Ubuntu の Terminal を起動し，次のコマンドで，bmp180.tar ファイルをダウンロードし解凍します[†1]．

```
$ wget $take/bmp180.tar
$ tar xvf bmp180.tar
$ cd bmp180
$ ls
bmp180.ino Makefile SFE_BMP180.cpp SFE_BMP180.h
$ make
```

make コマンドを実行すると，build-xxx（xxx は cli か atmega328）フォルダに bmp180.hex が生成されます．

図 2.7 は回路図で，**ソースコード 2.1** はスケッチ（bmp180.ino）です．ソースコード 2.1 に示すように，bmp180.ino では，2 種類のライブラリ <SFE_BMP180.h> と <Wire.h> が使われています．<Wire.h> ライブラリは Arduino 環境にすでにインストールされています．

▼**ソースコード 2.1　気圧センサー BMP180 のスケッチ（bmp180.ino）**
（https://github.com/sparkfun/BMP180_Breakout を参考）

```
#include <SFE_BMP180.h>
#include <Wire.h>
SFE_BMP180  pressure;
void setup()
{ Serial.begin(115200);
  if (pressure.begin())
    Serial.println("BMP180 init success");
  else
  { Serial.println("BMP180 init fail\n\n");
    while(1); // Pause forever.
```

[†1] 1.2 節ですでにこの処理を実行済みの場合は，これらのコマンドの実行は必要ありません．

```
    }
  }
  void loop()
  { char status;
    double T,P,p0,a;
    status = pressure.startTemperature();
    if (status != 0)
    { delay(status);
      status = pressure.getTemperature(T);
      if (status != 0)
      { status = pressure.startPressure(0);
        if (status != 0)
        { delay(status);
          status = pressure.getPressure(P,T);
          if (status != 0)
          { Serial.println(P*100,0);
          }
        }
      }
    }
    delay(25);  // Pause for 25 mseconds.
  }
```

　図2.7では，BMP180のモジュール基板には4本の足(VCC, GND, SCL, SDA)があります．このi2cモジュールには4.7 kΩのプルアップ抵抗がすでにインストールされています．また，SCLとSDAの配線は図2.7の通りです．ソースコード2.1の3行目

```
  SFE_BMP180   pressure;
```

のSFE_BMP180は，SFE_BMP180.hに定義されています．

　SFE_BMP180はクラスと呼ばれますが，今のところ理解できなくても，まったく問題ありません．

　スケッチ(bmp180.ino)には，2つの関数setup()とloop()があります．電源がAVRマイコンに投入されると，setup()関数を1回だけ実行し，次にloop()関数を無限回繰り返し実行します．一般に，setup()関数では，初期化の設定を記述し，loop()関数で繰り返しの実行を記述します．

```
  status = pressure.getPressure(P,T);
```

では，P（気圧〔ヘクトパスカル〕）とT（温度〔℃〕）に値が代入されます．

```
  delay(25);
```

のdelay()はミリ秒の遅延関数で，ここでは，25ミリ秒ごとの遅延の後に，気圧データを

シリアル通信で送信しています．

```
Serial.println(P*100,0);
```

`Serial.println()`関数はシリアル通信の送信を意味し，`Serial.readline()`で受信できます．

```
Serial.begin(115200);
```

は，図2.7に示したATmega328Pの2番ピン（RXD：受信）と3番ピン（TXD：送信）の送受信スピードの設定コマンドです．ここでは，115,200ボーレート（Baud rate）であることを設定しています．ボーレートとは，1秒あたりに転送するビット数（bps）を単位とした通信速度のことです．Arduinoでは，最大の速度は115,200ボーレートです．

FT232RLとATmega328Pの間の接続は，ATmega328PのTXD→FT232RLのRXDと，FT232RLのTXD→ATmega328PのRXDの接続になります．

図2.7に示すように，FT232RLの+5V電源をBMP180のチップに供給しています．FT232RLをパソコンに接続すると，Windows OSによって，自動的にCOM PORT番号が振られます．そのCOM PORT番号を使って，パソコン上でさまざまな処理が可能になります．ここでは，Windowsで，気圧変動グラフのリアルタイム表示と気圧データのFFT処理のリアルタイムグラフ表示を行います．FFTとは，高速フーリエ変換（FFT：Fast Fourier Transform）のことで，周波数ごとのスペクトラム分析ができます．簡単に言うと，周波数ごとの信号の強さを計算して表示できます．

ソースコード2.1は，https://github.com/sparkfun/BMP180_Breakoutのスケッチを参考に小さくしました．また，ライブラリ（`SFE_BMP180.cpp`と`SFE_BMP180.h`）は，そのまま利用しています．この参考になるオープンソースソフトウェアは，次の3つのキーワード検索で発見しました．キーワードであるbmp180とarduinoに加えて，site:github.comによって検索場所の指定をしています．

🔍 bmp180 arduino site:github.com

ここで，

🔍 bmp180 arduino filetype:ino

で検索すると，filetype:inoによってファイルタイプ指定検索になり，スケッチ`xxx.ino`を検索していることになります．

ライブラリやスケッチの出所は，必ずどこかに記述するようにしましょう．

次にソースコード 2.2 に示す，`Makefile` を解説します。

▼ソースコード 2.2　BMP180 の Makefile

```
BOARD_TAG=atmega328
F_CPU=8000000L
ARDUINO_LIBS=Wire Wire/uility
ARDUINO_DIR=/usr/share/arduino
include /usr/share/arduino/Arduino.mk
```

`BOARD_TAG=atmega328` は，AVR マイコンの種類を指定します。

`F_CPU=8000000L` は，AVR マイコンのクロック周波数で 8 MHz を指定します。

`ARDUINO_LIBS=Wire Wire/uility` は，i2c ライブラリを利用することを宣言します。

`ARDUINO_DIR=/usr/share/arduino` は，Arduino ディレクトリを指定します。

`include /usr/share/arduino/Arduino.mk` は，Arduino 環境をつかさどる重要なファイル Arduino.mk を指定します。

ここで，次のコマンドで，`bmp180.hex` ファイルを生成します[2]。

```
$ make
```

コンパイルに成功すると，build-xxx（xxx は cli か atmega328）フォルダが自動的に作られ，そのフォルダの中に `bmp180.hex` ファイルが生成されています。1.4 節の説明に従って，`bmp180.hex` ファイルを ATmega328P に書き込みます。

整理すると，スケッチファイル（xxx.ino）とライブラリ（xxx.cpp や xxx.h）を同じフォルダに入れ，`Makefile` を用意すれば，make コマンド一発で，xxx.hex ファームウェアファイルを生成します。

図 2.7 に示すように，IoT デバイスからのデータは USB を経由して，パソコンに送られます。USB 通信では，まず，COM PORT の番号を確認します。IoT デバイスをパソコンに接続し，何らかの方法で Windows の「コントロールパネル」を開き，「デバイスマネージャー」を開きます。「ポート（COM と LPT）」をダブルクリックします。この例では，「USB Serial Port (COM28)」になっています。

ソースコード 2.3 に示すように，ポート番号は 28 ですが，Python プログラムでは 1 を引きます。

---

[2] 1.2 節ですでにこの処理を実行済みの場合は，これらのコマンドの実行は必要ありません。

2.2 IoTデバイスを構成するセンサーと駆動部品

次のコマンドで infrasound0.py をダウンロードします．Ubuntu でも実行可能ですが，アプリケーションは Cygwin で実行させます．

```
$ wget $take/infrasound0.py
```

infrasound0.py では，3つの Python ライブラリ PySerial，matplotlib，collections を利用します．Python ライブラリの設定に関しては，4.1 節を参照ください．

▼ソースコード 2.3　リアルタイムデータ表示する Python プログラム（infrasound0.py）

```python
import serial
import matplotlib.pyplot as plt
from collections import deque
size=100
plt.ion()
q=deque([0]*size)
ser=serial.Serial(27,115200)
axis=int(ser.readline())
lastbyte=None
line,= plt.plot(range(0,size),list(q))
if ser.isOpen():
  while True:
     x=ser.readline()
     try:
       x=int(x)
     except ValueError:
       x=0
     if x!=lastbyte:
       lastbyte=x
     q.append(x)
     q.popleft()
     d=list(q)
     plt.axis([size,0,axis-500,axis+500])
     line.set_ydata(d[::-1])
     plt.draw()
ser.close()
plt.ioff()
```

ソースコード 2.3 の Python プログラムを起動すると，図 2.8 に示すように，40 Hz の気圧変動グラフがリアルタイムに表示されます．

図2.8　40Hzのリアルタイム気圧変動

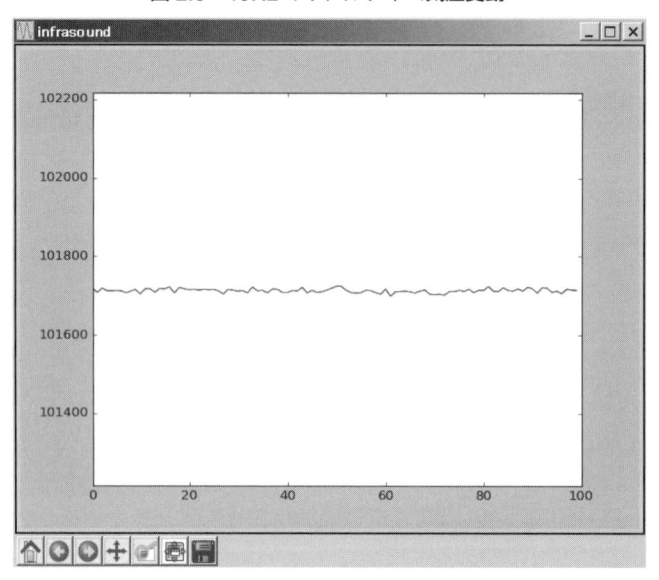

```
$ python infrasound0.py
```

　PySerialはシリアル通信のためのライブラリ，collectionsは待ち行列(deque)のライブラリ，matplotlibはGUI表示のライブラリです．

　`ser=serial.Serial(27,115200)`は，ポート27，115,200ボーレートのシリアル通信を設定しています．`q=deque([0]*size)`は，size=100なので，100の大きさの待ち行列を準備します．待ち行列qに測定するデータを入力し，待ち行列qの内容を`matplotlib`ライブラリでリアルタイム表示します．qは[0]で初期化しています．`matplotlib.pyplot`はプロットの関数ですが，名前が長いので`plt`とエイリアスしています．

　`axis=int(ser.readline())`は，シリアル通信の受信(`ser.readline()`)関数で，受信した文字列を整数（`int`）に変換し，その値を`axis`に代入しています．

　`q.append(x)`で，qの待ち行列に文字列xをappend（追加）します．

　簡単な長さ3のdequeの例で示します．

```
$ python -i     ←Pythonを起動
>>> from collections import deque
>>> q=deque([0]*3)
>>> q
deque([0, 0, 0])
>>> q.append('1')
```

```
>>> q
deque([0, 0, 0, '1'])
>>> q.popleft()
0
>>> q
deque([0, 0, '1'])
>>> q.append('2')
>>> q.popleft()
0
>>> q
deque([0, '1', '2'])
>>> list(q)
[0, '1', '2']
>>>          ←「Ctrl+d」キーでPythonを終了
```

q.append()とq.popleft()で待ち行列を実現し，q.append()とq.pop()でスタック（LIFO）を構築できます．line,=plt.plot(range(0,size),list(q))で描写する線を定義し，plt.axis([size,0,axis-500,axis+500])によって横軸と縦軸を設定し，line.set_ydata(d[::-1])とplt.draw()で気圧変動の線を描写します．

描写しているときにカーソルを違う画面に移動させると，このプログラムは止まります．また，いちいちポート番号を指定するのは面倒くさいので，この2つの点を解決するプログラムinfrasound.py（ソースコード2.5）は後ほど示します．

次に，周波数解析のためのFFT処理のためのプログラムfft.pyを**ソースコード2.4**に示します．

次のコマンドでダウンロードします．

```
$ wget $take/fft.py
```

numpyライブラリの中にあるFFTライブラリを利用します．

▼ソースコード2.4　FFT処理のためのPythonプログラム（fft.py）

```
import serial
import matplotlib.pyplot as plt
from collections import deque
import numpy as np
from time import sleep
import serial.tools.list_ports,re
import datetime,pytz
ports = list(serial.tools.list_ports.comports())
for p in ports:
 m=re.match("USB",p[1])
 if m:
   num=p[1].split('COM')[1].split(')')[0]
```

```
size=1024
fs=40.0
dd=1.0/fs
frq=np.fft.fftfreq(size,dd)
print abs(frq)
raw_input('enter any key\n')
q=deque([0]*size)
ser=serial.Serial(int(num)-1,115200,timeout=0.1)
lastbyte=None
plt.ion()
init=int(ser.readline())
sleep(1)
while True:
 y=ser.readline()
 while len(y)<5:
  print 'resync...'
  ser.close()
  sleep(3)
  ser=serial.Serial(int(num)-1,115200,timeout=0.1)
  y=ser.readline()
 x=int(y)-init
 if x!=lastbyte:
     lastbyte=x
 q.append(x)
 q.popleft()
 d=list(q)
 dt=np.fft.fft(d)
 plt.axis([0,fs/40,0,max(abs(dt))])
 plt.plot(frq,abs(dt))
 plt.draw()
 plt.clf()
 plt.cla()
ser.close()
plt.ioff()
```

　`frq=np.fft.fftfreq(size,dd)`は，計算可能な周波数スペクトルの周波数値を求めます．計測された信号（気圧変動の値）にどの周波数の正弦波がどれくらい含まれているかを示したものを周波数スペクトル（周波数スペクトラム）と呼びます．

　`dt=np.fft.fft(d)`では，待ち行列 d のデータから周波数スペクトラムを計算し，結果を dt に代入します．

　次の 6 行は，シリアル通信に問題があったり，測定データに問題がある場合，シリアル通信を中止して再接続を自動的に行います．気圧のデータ（パスカル値）は 5 文字か 6 文字になるので，`len(y)<5`によって異常を検知し，シリアル通信の設定ポートをクローズしてそのポートを再オープンさせます．

```
    while len(y)<5:
      print 'resync...'
      ser.close()
      sleep(3)
      ser=serial.Serial(int(num)-1,115200,timeout=0.1)
      y=ser.readline()
```

次に，シリアルポート自動認識とリアルタイムアニメーション表示を実現したPythonプログラム infrasound.py をソースコード 2.5 に表示します．

infrasound.py は次のコマンドでダウンロードします．

```
$ wget $take/infrasound.py
```

▼ソースコード 2.5　infrasound.py

```
import sys, serial
import numpy as np
from time import sleep
from collections import deque
import matplotlib.pyplot as plt
import matplotlib.animation as anime
import serial.tools.list_ports,re
import datetime,pytz
ports = list(serial.tools.list_ports.comports())
for p in ports:
 m=re.match("USB",p[1])
 if m: num=p[1].split('COM')[1].split(')')[0]
class AnalogPlot:
  def __init__(self):
      self.ser = serial.Serial(int(num)-1, 115200,timeout=0.1)
      self.ax = deque([0]*100)
      self.maxLen = 100
  def addToBuf(self, buf, val):
      if len(buf) < self.maxLen:
          buf.append(val)
      else:
          buf.pop()
          buf.appendleft(val)
  def add(self, data):
      self.addToBuf(self.ax, data[0])
  def update(self, frameNum, a0):
      try:
          data = self.ser.readline().split()
          self.add(data)
          a0.set_data(range(self.maxLen), self.ax)
      except KeyboardInterrupt:
          print('exiting')
      return a0
  def close(self):
```

```
        # close serial
        self.ser.flush()
        self.ser.close()
    def init(self):
        return int(self.ser.readline())
analogPlot = AnalogPlot()
init=analogPlot.init()
print(str(datetime.datetime.now(pytz.timezone('Asia/Tokyo'))))
while True:
    fig = plt.figure('infrasound')
    ax = plt.axes(xlim=(0, 100), ylim=(init-500, init+500))
    a0 = ax.plot([], [])
    anim = anime.FuncAnimation(fig, analogPlot.update,
                               fargs=(a0),
                               interval=25)
    plt.show()
    analogPlot.close()
```

2つのライブラリ import serial.tools.list_ports,re によって，次の4行で，変数 num にポート番号が自動的に代入されます．

```
ports = list(serial.tools.list_ports.comports())
for p in ports:
 m=re.match("USB",p[1])
 if m: num=p[1].split('COM')[1].split(')')[0]
```

re.match() 関数，for() ループ関数，if() 関数，split() 関数を簡単に紹介します．

```
ports = list(serial.tools.list_ports.comports())
```

によって，ports にすべての COM PORT 情報が代入されます．Windows 上で，Cygwin から Python を起動します．

```
$ python -i
>>> import serial.tools.list_ports,re
>>> ports = list(serial.tools.list_ports.comports())
    ...: for p in ports:
    ...:  m=re.match("USB",p[1])
    ...:  if m: num=p[1].split('COM')[1].split(')')[0]
>>> print ports
[('COM20', 'BT Port (COM20)', 'BLUETOOTH\\0004&0002\\20'), ('C
OM21', 'BT Port(COM21)', 'BLUETOOTH\\0004&0002\\21'), ('COM28'
, 'USB Serial Port (COM28)', 'FTDIBUS\\VID_0403+PID_6001+AH01KT
WFA\\0000'), ('COM22', 'BT Port (COM22)', 'BLUETOOTH\\0004&000
2\\16')]
```

同様に，re.search(pattern,string) 関数は，re.match() 関数と違って，string の中に pattern の文字列さえあれば，True を返します．

ここで，ports のデータ構造が，[(aaa,bbb,ccc),...,(xxx,yyy,zzz)] のようになっていることが分かります．COM28 を見つけ出すためには，bbb や yyy などの 2 番目のデータを切り出せばよいわけです．for p in ports: 関数は，ports の要素を 1 つ 1 つ取り出してくれます．また，p のデータから簡単に必要な要素だけを抜き出せます．p[0] が最初のデータ，p[1] は 2 番目のデータを抜き出します．

m=re.match("USB",p[1]) 関数は，きわめて便利な関数です．"USB" の文字列が p[1] に存在すれば，m が True になり，存在しなければ False になります．ここで，p[1] には **'USB Serial Port (COM28)'** が代入されます．

split() 関数は，文字列を分離させる便利な関数です．split('xxx') 関数は，xxx の文字列を境に，[0] であれば xxx 文字列の前の文字列を切り出し，[1] であれば xxx 文字列のすぐ後ろの文字列を切り出します．

p[1].split('COM')[0] であれば，**USB Serial Port (** の文字列を抜き出します．p[1].split('COM')[1] 関数は，**28)** の文字列を抜き出し，さらに split(')')[0] で **28** の文字列だけを抜き出します．

空白文字で split(' ') 関数を使う場合の例を以下に示します．

```
In [1]: a='USB Serial Port (COM28)'
In [2]: a.split(' ')[0]
Out[2]: 'USB'
In [3]: a.split(' ')[1]
Out[3]: 'Serial'
In [4]: a.split(' ')[2]
Out[4]: 'Port'
In [5]: a.split(' ')[3]
Out[5]: '(COM28)'
```

したがって，num=p[1].split('COM')[1].split(')')[0] は，変数 num に 28 を代入します．

このように，データ構造が分からない場合は，データ構造を見ながらインタラクティブにプログラミングを進めていきます．re.match() や split() 関数は，文字処理には不可欠な関数なので，ここでしっかり理解しましょう．

インタラクティブにプログラミングをする環境が，IPython です．IPython のインストールは 1.2.4 項を参照してください．

ソースコード 2.5 のプログラムでは matplotlib ライブラリの animation 関数を使って，グラフのリアルタイム表示を実現しています．ソースコード 2.3 のプログラムを使っての

リアルタイム表示では，カーソルを別の画面に動かすだけでプログラムがすぐに止まってしまいます．animation 関数を使ってこの問題を解決しています．

ylim=(init-500, init+500) は，縦軸のスケールを設定しています．500 を 50 に変更するだけで，詳細なグラフが画面に表示されます．さまざまな機能を知るためにも，いろいろなパラメータをいじりながら試して，理解を深めてください．

2.2.2　SPI インターフェースの FlashAir SD カード

SD カードには，フラッシュメモリの容量の大きさによって，SD（2 GB まで），SDHC（4 GB から 32 GB），SDXC（48 GB 以上）があります．ここでは，東芝が販売している Wi-Fi 機能搭載の SD カード，FlashAir を紹介します．本書では，SD カードの SPI モードを使って，IoT デバイスを実現します．FlashAir には，Station モード（無線 LAN に接続），アクセスポイントモード（FlashAir が無線 LAN の親機），Station+ アクセスポイントモード（両モード同時）がありますが，Station モードや Station+ アクセスポイントモードは遅くて使い物になりません．しかしながら，アクセスポイントモードは安定しています．FlashAir では，自動的にサーバ機能が働くようになっています．

まず，FlashAir のファームウェアを最新版にします．

Windows 上で，次のサイトから FAFWUpdateToolV2_v20003.exe をダウンロードしインストールしてから，パソコンに FlashAir を挿し，最新版にしてください．

http://www.toshiba.co.jp/p-media/english/download/wl/FAFWUpdateToolV2_v20003.exe

次のサイトから FlashAirTool をダウンロードしてインストールします．

https://www.toshiba.co.jp/p-media/download/wl/FlashAir.exe

図 2.9 に FlashAir のネットワーク設定画面を示します．FlashAirTool をダブルクリックし，「FlashAir SSID」と「FlashAir パスワード」を設定し，「リダイレクト機能」は「OFF」にします．

ソースコード 2.6 に FlashAir のスケッチ例を示します．この例では，アナログ A0 のデータは 5 秒に 1 回 text.txt に書き込まれます．text.txt はネットワークを通してアクセスできます．

FlashAir は無線 LAN のアクセスポイントとして機能し，SSID が FlashAir に無線接続すれば，FlashAir にネット接続できます．FlashAir は自動的に，ローカル IP を接続されたデバイスに割り振ります．

図 2.9　FlashAir ネットワーク設定

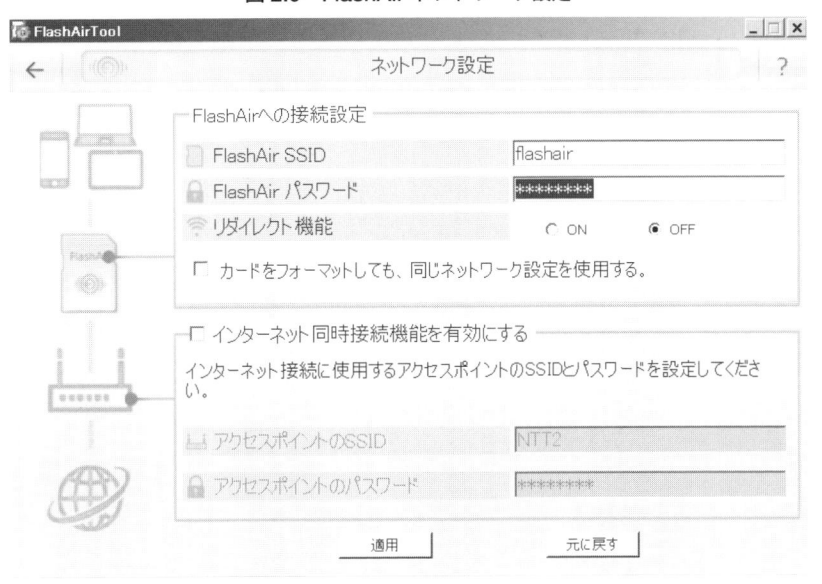

▼ソースコード 2.6　A0 アナログデータを 5 秒ごとに SD に書き込むスケッチ

```
#include <SD.h>
const int chipSelect = 4;
void setup(){
        Serial.begin(9600);
        while (!Serial);
        if (!SD.begin(chipSelect)) {
                Serial.println("Card failed");
                return;
        }
        Serial.println("card initialized.");
}
void loop(){
        String  dataString = String(analogRead(0));
        File dataFile = SD.open("text.txt",FILE_WRITE);
        if (dataFile) {
                Serial.println(dataString);
                dataFile.println(dataString);
                dataFile.close();
                        }
        delay(5000);
}
```

　FlashAir を SD カードスロットに挿し，FT231X とパソコンをマイクロ USB 接続してください．FlashAir の SSID を確認してから，Windows の無線 LAN を接続してください．
　Cygwin で次のコマンドを実行すると，ATmega328P のアナログデータ（A0）の測定デ

ータが表示されます．lynx コマンドは，テキストベースの Web ブラウザコマンドです[3]．FlashAir は実際には，`192.168.0.1` のローカル IP を意味し，接続されたデバイスには，`192.168.0.x` が自動的に振られます．`"flashair/test.txt"` によって，FlashAir サーバ上のファイルにアクセスできます．

```
$ lynx -dump flashair/test.txt
54
18
...
```

FlashAir のピン配置を図 2.10 に示します．FlashAir SD カードと Arduino の SPI の接続は，CS（D4），CLK（SCK：D13），DI（MOSI：D11），DO（MISO：D12）となります．V_{SS} は GND，V_{DD} は +5 V に接続します．秋月電子通商の SD カードスロット DIP 化モジュールを利用すれば，比較的簡単に IoT デバイスが完成します．DIP 化モジュールでは，SPI ピンはすべてプルアップ抵抗がインストール済みです．

図 2.10　FlashAir のピン配置

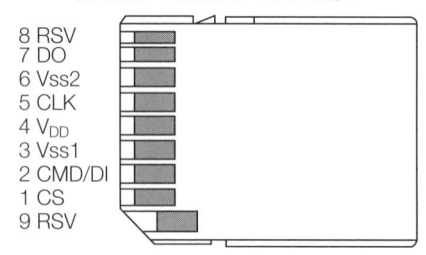

```
8 RSV
7 DO
6 Vss2
5 CLK
4 V_DD
3 Vss1
2 CMD/DI
1 CS
9 RSV
```

図 2.11 の回路図では，USB シリアル変換モジュール（FT231X：FTDI 社），FlashAir，ATmega328P を使っています．FlashAir の到達距離は 5 m ほどですが，型番 w-03 を購入してください．

FlashAir の実装回路を図 2.12 に示します．

---

[3] Cygwin に lynx コマンドがインストールされていない場合には，Cygwin を終了し，Cygwin Setup を起動して，ダイアログボックスの「Search」で「lynx」を検索して，インストールしてください．

2.2 IoTデバイスを構成するセンサーと駆動部品

図2.11 FlashAirの回路図

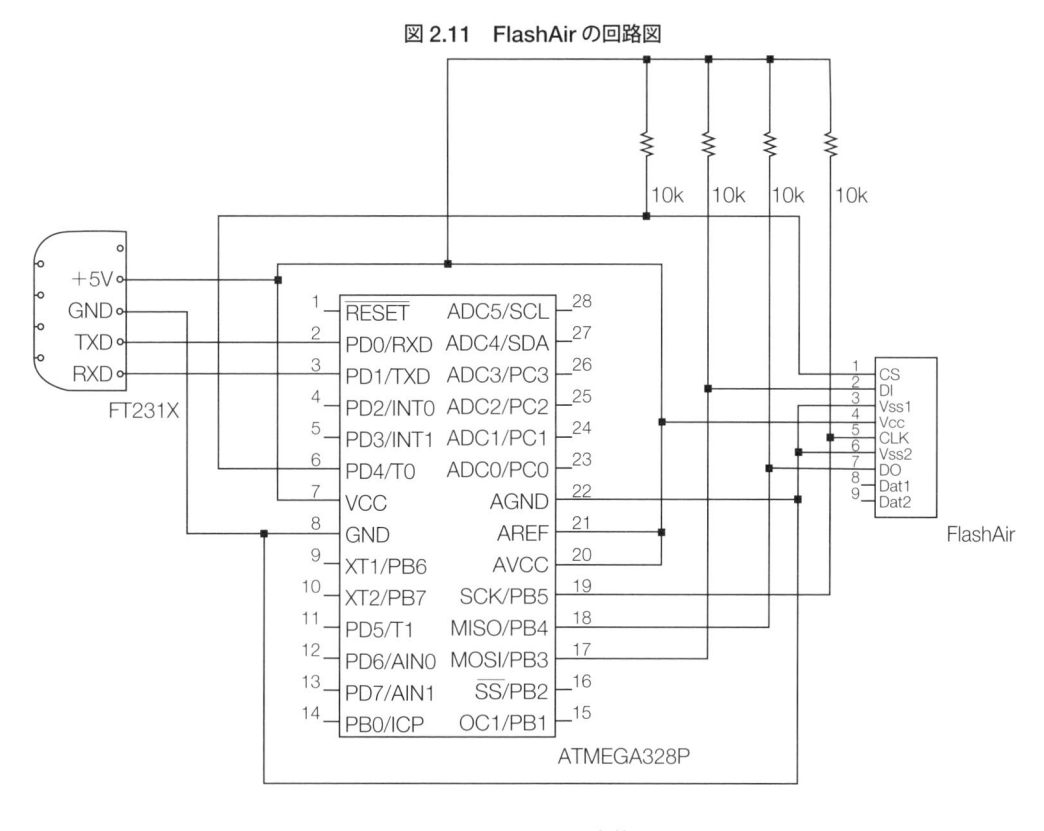

図2.12 FlashAirの実装回路

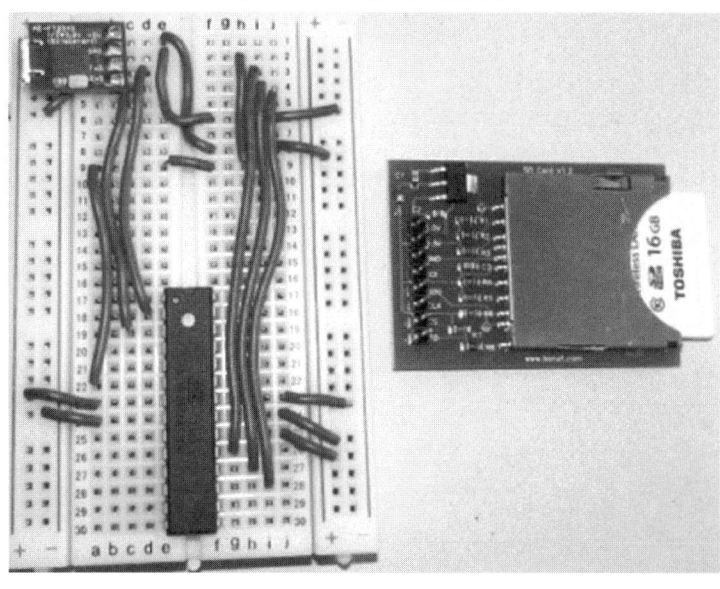

次のコマンドでファイルをダウンロードし，flashair.hexを生成します．

```
$ wget $take/flashair.tar
$ tar xvf flashair.tar
$ cd flashair
$ make
```

build-xxx（xxxはcliかatmega328）フォルダにflashair.hexが生成されます．

2.2.3 Wi-Fiシリアルモジュール（ESP8266）

Wi-Fiシリアルモジュールがきわめて安価に購入できるようになりました（筆者はAliExpressから300円で購入）．Wi-Fiシリアルインターフェース機能を持つESP8266モジュールは，無線の到達距離も長く，StationモードやアクセスポイントモードがあIGります．正式には，日本で無線モジュールを利用するには，微弱な無線モジュール以外は，技適マークが必要です．

無線モジュールから3m離れた地点の電界強度が35μV/m以下であれば，技適マークも必要ではありません．

本書ではESP8266モジュールのダブルモード（Stationモードやアクセスポイントモード）を紹介します．図2.13に，ESP8266のモジュールのピン配置を示していますが，接続するピンは，RX, VCC, CH_PD, TX, GNDの5本です．CH_PDとVCCは，+3.3Vに接続します．Wi-Fiモジュールとブレッドボードを接続するには，aitendoで売られている，ピンヘッダ用接続ケーブルを使うと便利です．

図2.13 Wi-Fiシリアルモジュール（ESP8266）
（http://www.extragsm.com/blog/2014/12/03/connect-esp8266-to-raspberry-pi/）

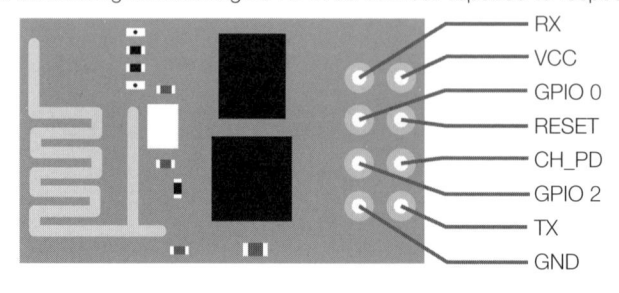

Stationモードでは，ESP8266は子機として親機の無線ルータに直接接続できるので，Arduinoで測定したデータは，無線LANへのIP接続でデータアクセスできます．

次のサイトのスケッチを参考に，Webアクセスできるサーバとして設計しました．

https://github.com/imjosh/espBasicExample/archive/master.zip

このモジュールを簡単に動作させるコツは，USB シリアル通信を使って，Wi-Fi モジュールを手動設定します．ESP8266 の設定コマンドを実行しながら動作確認をしてネットワーク設定します．FT232RL の USB を経由してパソコンと Wi-Fi モジュールを通信するには，Python の PySerial ライブラリをインストールします．Cygwin から次のコマンドでインストールします．

```
$ pip install pyserial
```

AVR ライターの FT232RL を使って，USB シリアル通信で ESP8266 モジュールの設定をします．FT232RL の TX と ESP8266 の RX, FT232RL の RX と ESP8266 の TX を接続し，FT232RL の +3.3 V と ESP8266 の VCC と CH_PD を接続します．GND の接続も忘れないようにします．Cygwin から次のコマンドを実行し，ESP8266 を設定していきます．

```
$ miniterm.py -p /dev/ttySxx
```

miniterm.py はシリアル通信のコマンドで，大変便利です．"-p" はポート設定，"-b" はボーレート設定です．

/dev/ttySxx の xx はポート番号から 1 を引いた値です．次の順番に従って，コマンドを実行していきます．コマンドは "SSID", "パスワード" を除いて，すべて大文字です．

AT	hello コマンド
AT+CWMODE=3	アクセスポイント＋Station モード
AT+RST	リスタート
AT+CWJAP="SSID","パスワード"	無線 LAN ルータの SSID とパスワードを入力
AT+CIPMUX=1	TCP クライアントの複数接続可
AT+CIPSERVER=1,8080	サーバポートを 8080 に設定
AT+CIFSR	Wi-Fi モジュールの IP を確認

注意しなくてはいけないことは，このモジュールは消費電力が大きいので，モジュールへの供給電力を安定させなくてはいけません．消費電力が大きいと，一般に急激な電圧変動が起き，電圧が一瞬下がります．急激な電圧変動を抑えるためには，バイパスキャパシタ（バイパスコンデンサ）で電源ラインを強化します．バイパスキャパシタとは，急激な電圧変動を穏やかにするためのキャパシタのことです．数個の 47 μF と 0.1 μF のセラミックキャパシタ（セラミックコンデンサ）を電源ライン（+3.3 V と GND の間）に足を短くして挿し込みます．

Arduino プログラムは，Ubuntu で次のコマンドを実行してダウンロードしてください．

Chapter 2 IoTデバイスのハードウェアとインターフェース

```
$ wget $take/esp8266.tar
$ tar xvf esp8266.tar
$ cd esp8266
```

web.inoファイル内の，SSIDとパスワードをエディタを使って入力します．

```
$ make
```

hexファイルをATmega328Pに書き込みます．

ソースコード2.7にスケッチ例を示します．このスケッチは，次のサイトを参考に変更しました．

　　https://github.com/yOPERO/ESP8266/blob/master/webserver.ino

▼ソースコード2.7　Wi-Fiモジュール（ESP8288）のスケッチ（web.ino）

```
#include <SoftwareSerial.h>
#define SSID "xxx"       //your wifi ssid here
#define PASS "yyy"       //your wifi wep key here
SoftwareSerial dbgSerial(2, 3); // RX, TX
boolean sendAndWait(String AT_Command, char *AT_Response, int wait){
  dbgSerial.print(AT_Command);
  Serial.println(AT_Command);
  delay(wait);
  while ( Serial.available() > 0 ) {
    if ( Serial.find(AT_Response)  ) {
        dbgSerial.print(" --> ");
        dbgSerial.println(AT_Response);
      return 1;
     }
   }
  dbgSerial.println(" fail!");
  return 0;
}
boolean connectWiFi(String NetworkSSID,String NetworkPASS){
  String cmd = "AT+CWJAP="+NetworkSSID+","+NetworkPASS;
  Serial.println(cmd);
  delay(100);
  while ( Serial.available()>0 ) {
     if(Serial.find("OK")){dbgSerial.write(Serial.read());}
  }
}
void http(String output) {
  Serial.print("AT+CIPSEND=0,");
  Serial.println(output.length());
  delay(50);
```

```
    Serial.println(output);
    dbgSerial.println(output);
}
void webserver(void) {
  http("A0: "+String(analogRead(A0)));
  delay(50);
  sendAndWait("AT+CIPCLOSE=0","",500);
}
void setup()
{
  Serial.begin(9600);
  Serial.setTimeout(1000);
  dbgSerial.begin(9600);
  delay(10);
  dbgSerial.println("hello");
  sendAndWait( "AT","OK",300);
  delay(100);
  sendAndWait( "AT","OK",300);
  delay(100);
  dbgSerial.println("CWMODE=3");
  Serial.println("AT+CWMODE=3");
  delay(500);
  dbgSerial.println(Serial.read());
  dbgSerial.println("RST");
  Serial.println("AT+RST");
  delay(5000);
  dbgSerial.println("connectWiFi");
  connectWiFi(SSID,PASS);
  sendAndWait("AT+CIPMUX=1","OK",800);
  Serial.println("AT+CIPSERVER=1,8080");
  delay(500);
  dbgSerial.println("ip address:");
  Serial.println("AT+CIFSR");
  delay(500);
  while ( Serial.available() ) {
    dbgSerial.write(Serial.read());
  }
  dbgSerial.println();
  dbgSerial.println( "Start Webserver" );
}
void loop() {
  while (Serial.available() >0 ) {
    char c = Serial.read();
    if (c == 71) {
      dbgSerial.println("Send Web Request");
      webserver();
    }
  }
}
```

Chapter 2 IoTデバイスのハードウェアとインターフェース

　図2.14にWi-Fiモジュール（ESP8266）の回路図と実装回路を示します．ESP8266とATmega328PのRX ⇔ TXD，TX ⇔ RXDを接続し，FT232RLのRXD，TXDをSoftwareSerialのRXとTXに接続します．

図2.14　Wi-Fiモジュール（ESP8266）回路図と実装回路

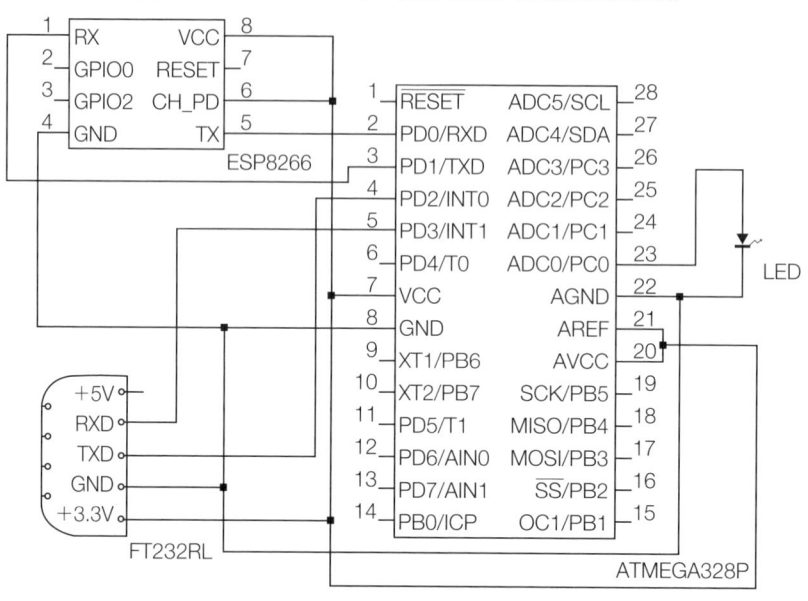

2.2 IoTデバイスを構成するセンサーと駆動部品

　Wi-Fiモジュール（ESP8266）は，Stationモードで無線LANルータに接続し，Wi-Fiモジュールには自動的にIPが振られます．そのIPとポート番号（8080）を使って，アナログポート（A0）のデータにアクセスしてみます．A0にはLED接続されているので，明るさによってLEDの起電圧が変化します．Pythonプログラムesp8266.pyを**ソースコード2.8**に示します．

▼ソースコード2.8　Wi-Fiモジュール（ESP8266）へのデータアクセスプログラム（esp8266.py）

```
import os
import socket
from time import sleep
host='192.168.1.21'     // Wi-Fiモジュールに振られたIP
port=8080
so=socket.socket()
so.connect((host,port))
while 1:
  so.send("G\n")
  m=so.recv(50)
  print m
  sleep(1)
os._exit(0)
```

　ソースコード2.8の6行目`so=socket.socket()`と7行目`so.connect((host,port))`でWi-Fiモジュール（ESP8266）に接続します．`so.send("G\n")`によって，文字GをArduinoへ送信します．Arduinoからは返事を返します．Arduinoでは，ソースコード2.7に示した`loop()`関数において，文字GがWi-Fiモジュールにくると`webserver()`関数を毎回実行します．

　`webserver()`関数は，`http("A0: "+String(analogRead(A0)));`を実行して，パソコンに`"A0：A0のD-A変換値（0から1023）"`を転送します．A0のD-A変換値の表示は1秒ごと（`sleep(1)`）に行われます．

　ソースコード2.8の`m=so.recv(50)`によって，変数mにESP8266から転送された文字列が代入され，`print m`で変数mの値が画面に表示されます．

　Arduinoでは，`loop()`関数内の，`if (c == xx) {}`関数によって，Arduinoへのさまざまな命令を簡単に構築できます．`if`関数だけでなく，`switch`関数を利用することもできます．

```
switch (c) {
  case 'G':
    // statement1
    break;
  case label:
    // statement2
```

```
      break;
   default:
      // statement3
}
```

Cygwinでesp8266.pyプログラムを実行すると，次のように計測されたデータが表示されます．

```
$ python -i esp8266.py
A0: 377
A0: 384
...
```

ESP8266モジュールのMACアドレスは，18：FE：34：9D：wx：yzになります．初めの8桁が固定です．MACアドレスからIPアドレスを知るには，次のコマンドを実行してください．ここで使っているコマンド群は，シェルコマンド（arp, grep, awk）と呼ばれ，コマンドの使い方が分かると簡単な処理が1行で完成します．

```
$ arp -a | grep '18-fe-34-9d' | awk '{print $1}'
```

または，次のサイトからfingをダウンロードしてWindowsにインストールしてください[4]．

http://www.overlooksoft.com/getfing4win

Cygwinを開き，次のコマンドを実行してください．LAN内のすべてのIPアドレスとMACアドレスが表示されます．Android端末にもfingのAppがあるので利用すると便利です．

```
$ fing -r 1
```

2.2.4　IoTデバイスのためのプリント基板設計（PCBE）

PCBEは無料で利用できる簡単なプリント基板エディタです．次のキーワードで検索し，PCBEをダウンロードします．

🔍 pcbe プリント基板エディタ

---

[4] インストールでの設定項目で，PATHを設定するにしてください．

PCBE をインストールした後，PCBE の部品ライブラリをダウンロードし設定します．

```
$ cd /cygdrive/c/pcbe          ←PCBEをデフォルトインストールした場合のフォルダ
$ wget $take/pcbe_yt.lib
```

　PCBE を起動し，メニューから「設定」－「ライブラリー設定」で開くダイアログボックスで，「ライブラリ一覧」にある「pcbe_yt.lib」を「使用ライブラリ」に移動させます．

　主なメニューを簡単に説明します．

1. ▯はライブラリ部品を選定します．ドロップリストボックスで「pcbe_yt.lib」を選択すると，ダウンロードした部品ライブラリを利用できます．たとえば，「1.1_pad_2lay」は穴の直径が 1.1 mm の 2 層パッドです．部品の意味が分からない場合は，部品を選択すれば表示されるので，試してください．
2. ▬はプリント基板の線です．線の太さは，「アパーチャ」メニューで選択します．線の太さは 0.175 以上を選択してください．
3. 「設定」－「グリッド」は重要な機能です．0.1524 がデフォルトになっています．
4. ▯は部品選択の機能です．線や部品を選択します．選択したのち，線や部品の移動／コピー／貼り付け／切取などができます．
5. ▯は選択した部品の移動機能です．
6. 「レイヤー」メニューでは，レイヤーを選択します．ここでは，「パターン-A」「パターン-B」「シルク-A」「シルク-B」「レジスト-A」「レジスト-B」「外形」「孔」の 8 層を使います．
7. メニューから「ファイル」－「ガーバー出力」で，PCBE で作成した図をガーバーファイルに出力します．
   Fusion PCB サービスを利用する場合は，5 cm×5 cm 基板が 10 枚で，9.99 ドル＋（送料）になります．
   　　パターン-A のファイル名に pcbname.GTL，
   　　パターン-B のファイル名に pcbname.GBL，
   　　シルク-A のファイル名に pcbname.GTO，
   　　シルク-B のファイル名に pcbname.GBO，
   　　レジスト-A のファイル名に pcbname.GTS，
   　　レジスト-B のファイル名に pcbname.GBS，
   　　外形のファイル名に pcbname.GML，
   　　孔のファイル名に pcbname.TXT
   を入力します．

8. 「ガーバー出力設定」の「出力」ボタンをクリックすると，8つのファイルを生成します．それらの8つのファイルを束ねて，1つのzipファイルにします．そのzipファイルを次のSeeed Studioにアップロードして購入すれば，数週間後に基板が送られてきます．

```
http://www.seeedstudio.com/service/index.php?r=pcb
```

図2.15　PCBEのメニュー

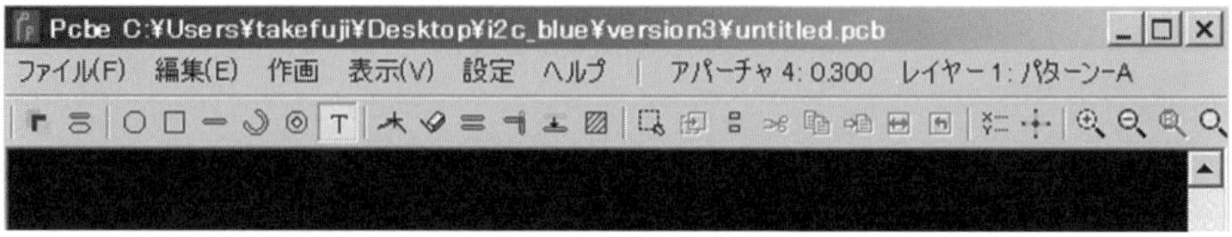

図2.16　ガーバー出力設定

　一番重要なことは，部品の配置です．2層の銅線ですべての配線を成功させなくてはいけません．配線を考えることは，パズルを解くようなものです．パターン-Aが表面の銅，パターン-Bが裏面の銅です．シルク-A/Bはピン名称の記述に使います．レジスト-A/Bはマスクと呼ばれる層です．半田付けすべき銅線のすべての面はレジスト面で覆いマスクします．レジスト面でマスクしないと，銅線には半田付けできません．「外形」層の線を使って，基板の外周を囲み，切断線とします．

　線，丸，四角を選んでパターンを描いていきます．線の太さは「アパーチャ」で設定し，どの層にどのような線を描くかは，「レイヤー」で選択します．線と線の間は，0.2 mm以上離した方がよいでしょう．プリント基板パターンに問題がある場合は，Seeed Studioから連絡

がきます.

　Raspberry Pi 用の i2c インターフェース基板を設計しました．この基板は，さまざまなセンサー基板を考慮して設計しました．GY-80 のセンサー基板には，次の 4 つのセンサーが搭載されています．GY-801 のセンサー基板では，BMP085 が BMP180 に変更されます．

　　L3G4200D（3 軸ジャイロ：0x69）
　　ADXL345（3 軸加速度：0x53）
　　HMC5883L（地磁気：0x1E）
　　BMP085（0x77）

　Arduino も基板に搭載可能としました．**図 2.17** にそのパターンを示します．
Cygwin で，次のコマンドで PCBE ファイルをダウンロードしてください．

```
$ wget $take/i2c_blue.pcb
```

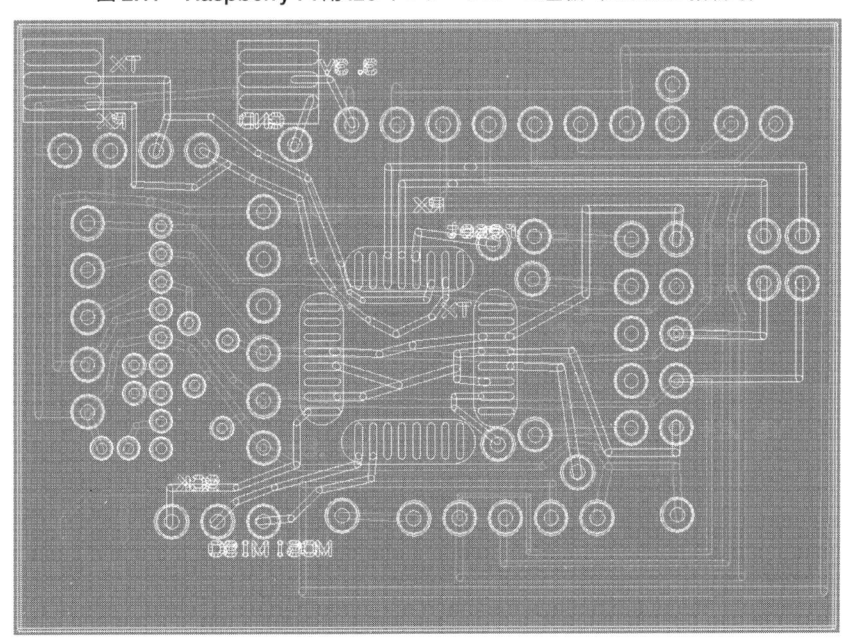

図 2.17　Raspberry Pi 用 i2c インターフェース基板（Arduino 搭載可）

Chapter 3
IoTを構成する オープンソースソフトウェア

　Arduino 開発環境をインストールすると，デフォルトで次の 10 のライブラリが，利用できます．

　　EEPROM，Firmata，LiquidCrystal，Servo，SPI，Wire，Ethernet，SD，SoftwareSerial，Stepper

　その中で，よく使うライブラリは次の 8 つです．

　　EEPROM：EEPROM の読み出し，書き込み
　　LiquidCrystal：液晶ディスプレイの制御
　　Servo：Servo モータの制御
　　SPI：SPI デバイスの制御
　　Wire：i2c デバイスの制御
　　SD：SD デバイスの制御
　　SoftwareSerial：シリアル通信のソフトウェアバージョン
　　Stepper：ステッピングモータの制御

　2.2.1 項では i2c デバイスである気圧センサー（BMP180）の制御，2.2.2 項では SPI デバイスである FlashAir（Wi-Fi 無線機能付き SD デバイス）の制御，2.2.3 項では SoftwareSerial を紹介しました．
　ここでは，サーボモータ（SG90），LCD（16×2），マイコン内蔵 RGB LED モジュール（NeoPixel），インピーダンス・ディジタル・コンバータ（AD5933）を紹介します．Arduino で AD5933 を制御しているライブラリはあるのですが，完璧に動作させているスケッチは，あまり見つかりません．Arduino 以外での開発として，最後のオプションの C 言語での開発事例として AD5933 を紹介します．

3.1 Servoライブラリを用いたサーボモータ制御

サーボモータ(SG90)を図3.1に示します．サーボモータには，3本(オレンジ：PWM制御線，赤：+5 V，茶色：GND)の線があります．茶色と赤の線に5 Vの電源をつなぎ，オレンジの線にPWMの信号を送るとパルス幅によって，角度を変えます．秋月電子通商で1個400円，amazon.co.jpで2個560円です．

http://akizukidenshi.com/catalog/g/gM-08761/

図3.1 サーボモータSG90

ソースコード3.1にservo.pyを示します．s=serial.Serial(17,9600)の17は，COM PORT番号に合わせて変えてください．

```
$ wget $take/servo.py
```

▼ソースコード3.1　servo.py

```
import serial
s=serial.Serial(17,9600)
while 1:
 c=raw_input("enter: ")
 if(s.isOpen()):
  s.write(str(c)+'\r\n')
  s.flush()
```

次のコマンドで実行します．角度の数字を入力すると，角度に合わせてサーボが動きます．

```
$ python -i servo.py
enter: 180          ←180を入力するとサーボが180度に傾く
enter: 0            ←0を入力するとサーボが0度に傾く
```

図 3.2 にサーボモータ（SG90）の回路図を示します．SG90 の PWM の制御入力は Arduino のディジタルピン 9 に接続します．ここでは，ATmega328P の 15 番ピンになります．詳しくは，図 2.2，2.3 の Arduino（ATmega328）のピン構成を参照してください．

図 3.2　サーボモータ（SG90）の回路図

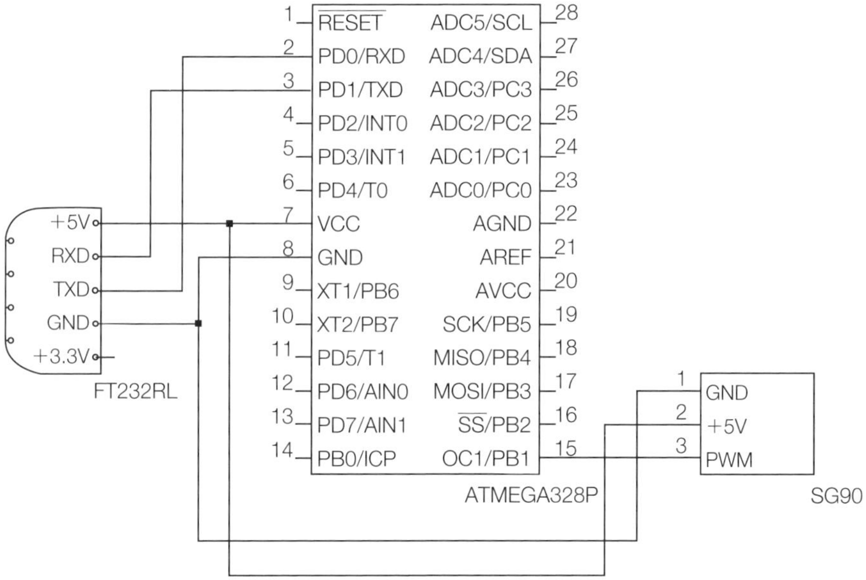

ソースコード 3.2 にスケッチ servo.ino を示します．

▼ソースコード 3.2　servo.ino

```
#include <Servo.h>
String data;
Servo myservo;
void setup() {
  Serial.begin(9600);
  myservo.attach(9);
}
void loop() {
  char c;
  while(Serial.available()>0) {
    c=Serial.read();
    if(c!='\n'){
      data +=c;
```

```
      }
      else{
        int i = data.toInt();
        myservo.write(i);
        data="";
      }
    }
  }
```

　`#include <Servo.h>` で，ライブラリを読み込みます．`String data;` で，シリアル通信で送られてくるサーボの角度データを文字列 `data` に格納します．また，`Servo myservo;` で `myservo` を宣言し，`myservo.attach(9)` で，ATmega328P のディジタル 9 番ピンをサーボの制御に使います．`myservo.write(i)` で，サーボに角度データを送ります．`i` は 0 から 180 の値になります．Servo ライブラリは，最大 12 個までのサーボモータをサポートしています．

　Ubuntsu の Terminal から，次のコマンドですべてのファイルをダウンロードし，servo.hex を生成できます．

```
$ wget $take/servo.tar
$ tar xvf servo.tar
$ cd servo
$ make
```

　問題がなければ，build-*xxx*（*xxx* は cli か atmega328）フォルダに servo.hex ファイルが生成されます．

3.2 Wire（i2c）ライブラリを用いた LCD 制御

　i2c インターフェースの 16 文字 × 2 行のキャラクタ液晶モジュールの使い方を紹介します．変換基板が付いた LCD モジュールは，i2c のプルアップ抵抗（10 kΩ）も内蔵していて，工作が簡単になります．次のサイトの秋月電子通商のモジュールです．

　　http://akizukidenshi.com/catalog/g/gK-08896/

　前述したように，モジュールを選ぶときは，ライブラリの有無が IoT デバイス開発の鍵です．液晶モジュールでは，コントローラが決めてのキーワードになります．本書で紹介する液晶モジュールのコントローラは，ST7032 です．ST7032 と Arduino の 2 つのキーワードで ST7032 ライブラリを発見しました．

3.2 Wire (i2c) ライブラリを用いた LCD 制御

🔍 ST7032 Arduino

https://github.com/tomozh/arduino_ST7032

このサイトを参考に，スケッチを作ってみました．スケッチでは，パソコンからのキー入力を，そのまま ST7032 に表示します．"$" 文字で画面をクリアできます．

Ubuntsu の Terminal から，次のコマンドで st7032.hex を生成します．それから，st7032.hex を ATmega328P に書き込みます．

```
$ wget $take/st7032.tar
$ tar xvf st7032.tar
$ cd st7032
$ make
```

基板インターフェースのためのピンは，図 3.3 に示すように，+V, SCL, SDA, GND の 4 本です．

図 3.3　16 文字 × 2 行キャラクタ液晶モジュールの i2c

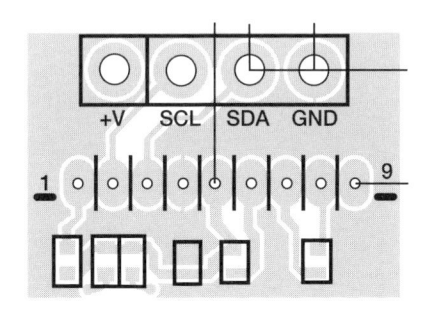

回路図を図 3.4 に示します．難しいところはあまりありませんが，LCD への電源電圧は 5 V にしました．

ソースコード 3.3 に serial.ino を示します．

▼ソースコード 3.3　serial.ino

```
#include <Wire.h>
#include <ST7032.h>
String data;int i=0;
ST7032   lcd;
void setup(){
  lcd.begin(16, 2);
  lcd.setContrast(10);
  Serial.begin(9600);
  lcd.clear();
```

```
  }
  void loop(){
    char c;
    while(Serial.available()>0){
      c=Serial.read();
      if(c=='$'){lcd.clear();i=0;break;}
      data.concat(c);
      lcd.print(c);i++;
      if(i==16){lcd.setCursor(0,1);}
      if(i==32){lcd.setCursor(0,0);i=0;Serial.println(data);}
    }
  }
```

図 3.4　i2c インターフェースの 16 文字 × 2 行 LCD 回路図

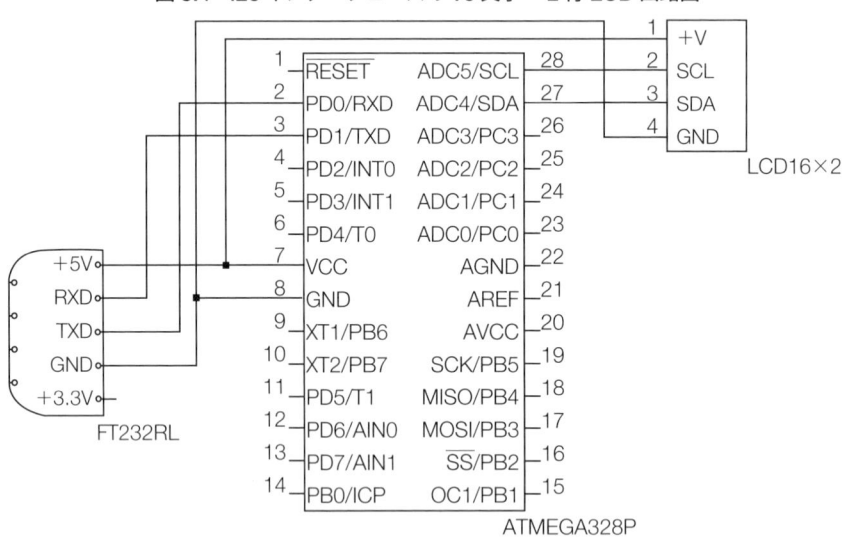

2 つのライブラリ i2c（Wire.h）と ST7032（ST7032.h）を利用しています．ST7032 lcd; と定義することで，ST7032 ライブラリ機能がすべて利用できます．lcd.begin(16, 2); によって，16 文字 × 2 行の LCD であることを設定しています．lcd.setContrast(10); によって，コントラストを設定します．lcd.clear(); によって，LCD を初期化します．変数 i は，表示する文字の位置を表します．lcd.setCursor(0,1); の (0, 1) は，2 行目 1 文字目を表します．変数 i が 16 文字に達したら，次の行へ表示するように文字表示の位置を設定しています．lcd.setCursor(0,0); も同様で，(0, 0) は 1 行目 1 文字目の位置情報です．

serial.ino は，先ほど展開した st7032 フォルダに含まれています．

ここで，Windows の Cygwin ターミナルを立ち上げ，次の miniterm.py プログラムを実行します．

```
$ miniterm.py -p /dev/ttySxy        ←xyはFT232RLの（ポート番号－1）の数字
```

キー入力すれば，そのキーの文字がST7032に表示されます．$を入力すれば，画面がクリアされます．

2つのデバイスライブラリを組み合わせて，より複雑なIoTデバイスを設計してみます．ここでは，温度湿度センサーHDC1000の値をST7032に表示するIoTデバイスを作ってみます．

先ほどのスケッチに加えて，新たに次のコマンドを追加しました．"#"コマンドで，温度と湿度の計測値をST7032に表示します．HDC1000のライブラリ検索には，ArduinoとHDC1000の2つのキーワード検索で，次のHDC1000ライブラリを発見しました．

🔍 Arduino HDC1000

https://github.com/ftruzzi/HDC1000-Arduino

2つのライブラリ，ST7032ライブラリとHDC1000ライブラリを使って，図3.5に，新たに改良したIoTデバイスを示します．ST7032デバイス，HDC1000デバイス，両方ともi2cインターフェースでバス通信します．i2cバスでは，それぞれのデバイスはユニークなアドレスで識別します．したがって，i2cバスではユニークアドレスを使ってデバイスアクセスを可能にしています．

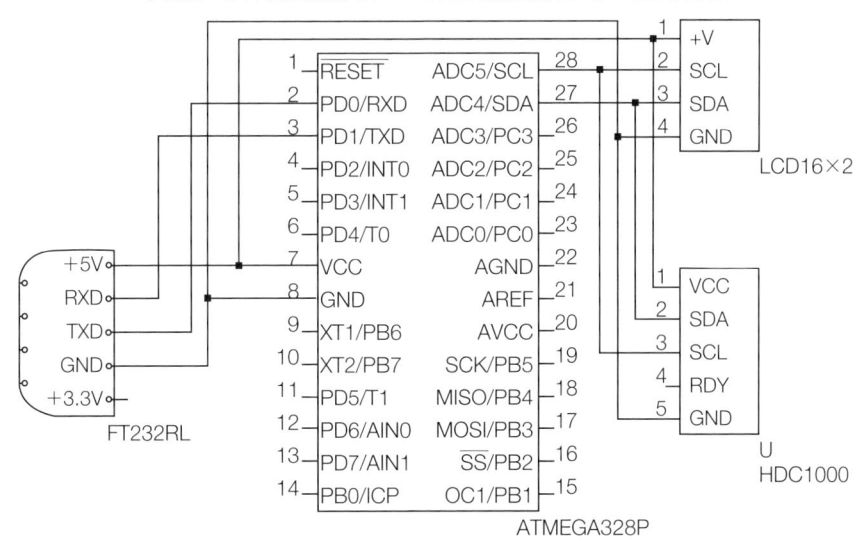

図3.5 ST7032液晶モジュールと温度湿度センサー HDC1000

図 3.5　ST7032 液晶モジュールと温度湿度センサー HDC1000（つづき）

ソースコード 3.4 にダブルデバイスのスケッチを示します．スケッチに i2c のアドレスが現れないのは，それぞれのライブラリ内に i2c のユニークなアドレスが記述されているからです．

▼ソースコード 3.4　HDC1000 と ST7032 のスケッチ（hdc1000_serial.ino）

```
#include <Wire.h>
#include <ST7032.h>
#include <HDC1000.h>
HDC1000 mySensor;
String data;int i=0;
ST7032 lcd;

void setup(){
  mySensor.begin();
  lcd.begin(16, 2);
  lcd.setContrast(10);
  Serial.begin(9600);
  lcd.clear();
}
void loop(){
  char c;
  while(Serial.available()>0){
    c=Serial.read();
    if(c=='$'){lcd.clear();i=0;break;}
    if(c=='#'){
      lcd.setCursor(0,0);
      lcd.print("temp:");
      lcd.print(mySensor.getTemp());
      lcd.setCursor(0,1);
      lcd.print("humid:");
      lcd.print(mySensor.getHumi());
```

```
      Serial.print("Temperature: ");
      Serial.print(mySensor.getTemp());
      Serial.print("C, Humidity: ");
      Serial.print(mySensor.getHumi());
      Serial.println("%");
      delay(1000);i=0;break;
    }
    data.concat(c);
    lcd.print(c);i++;
    if(i==16){lcd.setCursor(0,1);}
    if(i==32){lcd.setCursor(0,0);i=0;Serial.println(data);}
  }
}
```

data.concat(c);関数は，文字列dataに文字cがappend（追加）されます．Serial.print()関数とSerial.println()関数の違いは，後者は末尾にキャリッジリターン（ASCIIコード13あるいは'\r'）とニューライン（ASCIIコード10あるいは'\n'）を付けて送信します．デフォルトのシリアル通信の最高速度は，115,200ボーレートになります．

このように設計者が知らなくても設計できるように，機能を抽象化していくことで，プログラミングの開発短縮化が図れるのです．

UbuntunのTerminalから，次のコマンドですべてのファイルをダウンロードでき，hdc1000_st7032.hexを生成できます．

```
$ wget $take/hdc1000_st7032.tar
$ tar xvf hdc1000_st7032.tar
$ cd hdc1000_st7032
$ make
```

build-xxx（xxxはcliかatmega328）フォルダにhdc1000_st7032.hexが生成されています．

3.3 Adafruitライブラリを用いたマイコン内蔵RGB LED（NeoPixel）制御

マイコン内蔵のRGB LED（NeoPixel）は，1本の入力（DI）で，さまざまな色（255×255×255）を表現します．次のサイトの秋月電子通商から基板付きLEDが購入できます．

http://akizukidenshi.com/catalog/g/gM-08414/

マイコン内蔵のRGB LEDは，何個でも連結することができます（図3.6）．ここでは，1個だけの制御を示します．ハードウェアは単純で，接続は，VDD（+5 V），GND，DI（カラー制御入力）の3本です．DOは連結のときに使います．

図3.6　マイコン内蔵RGB LED（NeoPixel）

ソースコード3.5にスケッチを示します．ATmega328Pのディジタルピン2番にNeoPixelのDIを接続します．赤→緑→青→白→黄色→オレンジ→紅紫→青緑色→虹色に変化を繰り返します．

▼ソースコード3.5　マイコン内蔵RGB LED（NeoPixel）のスケッチ（neo.ino）

```
#include <Adafruit_NeoPixel.h>
#define PIN 2
Adafruit_NeoPixel strip =
    Adafruit_NeoPixel(60, PIN, NEO_GRB + NEO_KHZ800);
uint32_t Wheel(byte WheelPos) {
  if(WheelPos < 85) {
    return strip.Color(WheelPos * 3, 255 - WheelPos * 3, 0);
  } else if(WheelPos < 170) {
    WheelPos -= 85;
    return strip.Color(255 - WheelPos * 3, 0, WheelPos * 3);
  } else {
    WheelPos -= 170;
    return strip.Color(0, WheelPos * 3, 255 - WheelPos * 3);
  }
}
void colorWipe(uint32_t c, uint8_t wait) {
```

```
      for(uint16_t i=0; i<strip.numPixels(); i++) {
        strip.setPixelColor(i, c);
        strip.show();
        delay(wait);
      }
    }
    void rainbow(uint8_t wait) {
      uint16_t i, j;
      for(j=0; j<256; j++) {
        for(i=0; i<strip.numPixels(); i++) {
          strip.setPixelColor(i, Wheel((i+j) & 255));
        }
        strip.show();
        delay(wait);
      }
    }
    void setup() {
      strip.begin();
      strip.show(); // Initialize all pixels to 'off'
    }
    void loop() {
      colorWipe(strip.Color(255, 0, 0), 40); // Red
      colorWipe(strip.Color(0, 255, 0), 40); // Green
      colorWipe(strip.Color(0, 0, 255), 40); // Blue
      colorWipe(strip.Color(255, 255, 255), 40); // white
      colorWipe(strip.Color(255, 255, 0), 40); // Yellow
      colorWipe(strip.Color(255, 67, 0), 40); // Orange
      colorWipe(strip.Color(255, 0, 255), 40); //Magenta
      colorWipe(strip.Color(0, 255, 255), 40); //Cyan
      rainbow(50);
    }
```

回路図を**図3.7**に示します．

パソコンから，LEDを制御してみます．パソコンからrを送信すると虹色変化，bでLEDの消灯，wで白色，gで緑色に制御するスケッチのsetup()とloop()関数のみをソースコード3.6に示します．詳細は，$take/neo_uart.tarをダウンロードしてください．

▼ソースコード3.6　neo_uart.inoのsetup()とloop()関数

```
    void setup() {
      strip.begin();
      strip.show();
      Serial.begin(9600);
    }
    void loop() {
      char c;
      c=Serial.read();
      if(c=='b'){colorWipe(strip.Color(0, 0, 0), 40);}
```

```
    if(c=='g'){colorWipe(strip.Color(0, 255, 0), 40);}
    if(c=='w'){colorWipe(strip.Color(255, 255, 255), 40);}
    if(c=='r'){rainbow(50);}
}
```

図 3.7　マイコン内蔵 RGB LED（NeoPixel）の回路図

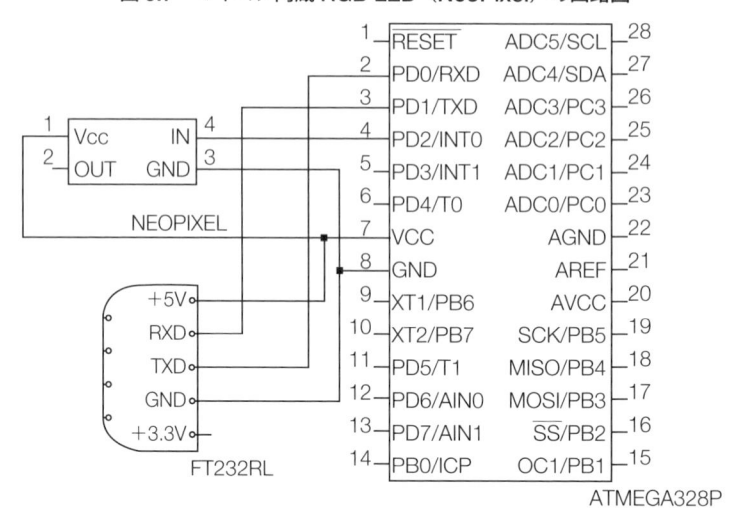

3.4 インピーダンス・ディジタル・コンバータ（AD5933）

　Arduino のライブラリがあっても，動かない場合もあります．AD5933 チップは，Analog Devices 社のインピーダンスを測定できる複雑なチップです．最近の健康ブームで，バイオインピーダンスが脚光を浴びています．医用生体工学やスポーツ工学への応用が盛んに研究されています．

　生体電気インピーダンス法を使って，体組成を計ることができます．脂肪は電気を流しにくい，筋肉などの電解質を多く含む組織は電気を流しやすいという性質を使って，測定します．

　体組成の計測では，日本企業が先行していましたが，最近は，中国企業が猛烈に追い上げているようです．

　X 線 CT や fMRI を使って，正確な脂肪量や筋肉量を測定し，インピーダンスメータ測定結果の相関を計算して，補正しているようです．インピーダンスの測定点と周波数が重要な役割を果たします．個体差がどれくらいあるのか，個体差の補正も必要かもしれません．

　そもそも，インピーダンスというのは，簡単に言うと，交流信号に対しての抵抗値です．直

流では，オームの法則で簡単に説明できます．

   電圧 = 抵抗×電流

　交流では，周波数というパラメータが入ってきて，インピーダンスは，複素数で表します．複素数で表現するインピーダンス Z は

$$Z = R + jI$$

R はリアルパート，I はイマジナリーパートと呼ばれます．複素数が出てくると，ダメと思う人も，もう少し頑張ってください．

　中学校で習った2次方程式

$$aX^2 + bX + c = 0$$

がありますが，2次方程式の解は

$$X = \frac{-b \pm \sqrt{b^2 - 4ac}}{2a}$$

で与えられると記憶があるかと思います．

　$\sqrt{b^2 - 4ac}$ の根号の中身 $b^2 - 4ac = D$ を判別式と呼んでいます．判別式 D の値によって解があるかないかを判別します．

　$D < 0$（負）の場合は実数解の個数は 0（解なし），$D > 0$（正）の場合は実数解の個数は 2，$D = 0$ の場合は実数解の個数は 1，と学校で習ったことを思い出してください．

　判別式は，複素数であるかどうかを判定していただけで，$j = \sqrt{-1}$ を導入することで，判別式を考えることなく，2次方程式の計算が簡単にできるようになります．

　Wikipedia によると，1500年代にジェロラモ・カルダーノが3次方程式の解を示す際に，世界で初めて複素数を用いたそうです．ジェロラモの父親は，レオナルド・ダ・ヴィンチの友人だったそうです．

　j は，$j = \sqrt{-1}$ なので，$j^2 = -1$ になります．抵抗器のインピーダンス Z は，直流では

$$Z = r \quad (r: \text{抵抗器の抵抗値})$$

ですが，抵抗器にコイル成分 L があると，インピーダンス Z は

$$Z = r + j\omega L$$

となります．角周波数

$$\omega = 2\pi f$$

であり，f が周波数になります．

キャパシタ C がある場合，インピーダンス Z は

$$Z = r + \frac{1}{j\omega C}$$

となります．

どんなに複雑なコイル成分やキャパシタ成分があっても，一般にインピーダンス Z は

$$Z = R + jI$$

で表現できます．

ここで紹介するチップ（AD5933）を使って，対象物のインピーダンス Z を測定することで，リアルパート R とイマジナリーパート I の値を測定することができます．

現在の電子回路では，直流成分抵抗（レジスタンス r），コイル成分（インダクタンス L），キャパシタ成分（キャパシタンス C）が登場します．インピーダンス測定器は，高価なため個人ではなかなか購入できませんが，自作すれば安価に高性能のインピーダンス測定器を製作できます．インピーダンス測定器でさまざまなインピーダンスを測定し，面白い実験をしてください．

ここで紹介するプロジェクトは，インターネット検索すると分かりますが，製作して対象物を限定し測定するだけで，修士論文や博士論文になるぐらい難しい研究課題です．

AD5933チップのピン配置を図3.8に示します．i2cインターフェースを持つチップです．チップ内部の機能を図3.9に示します．チップにはVINとVOUTがあります．オペアンプを通して，アナログの交流信号がVOUTから出てきます．測定対象物を通して，受信したアナログ信号を再びオペアンプで振幅調整してVINに入力します．入力された信号は複数のフィルタを経由して，A–D変換され，さらにDFT（Discrete Fourier Transform：離散フーリエ変換）モジュールに入力されます．

3.4 インピーダンス・ディジタル・コンバータ（AD5933）

図 3.8 AD5933 ピン配置

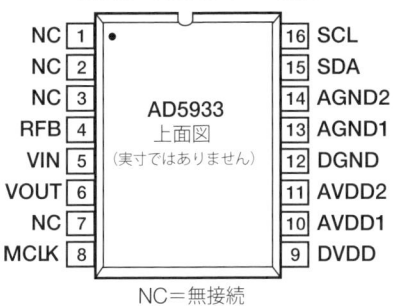

図 3.9 AD5933 内部の詳細

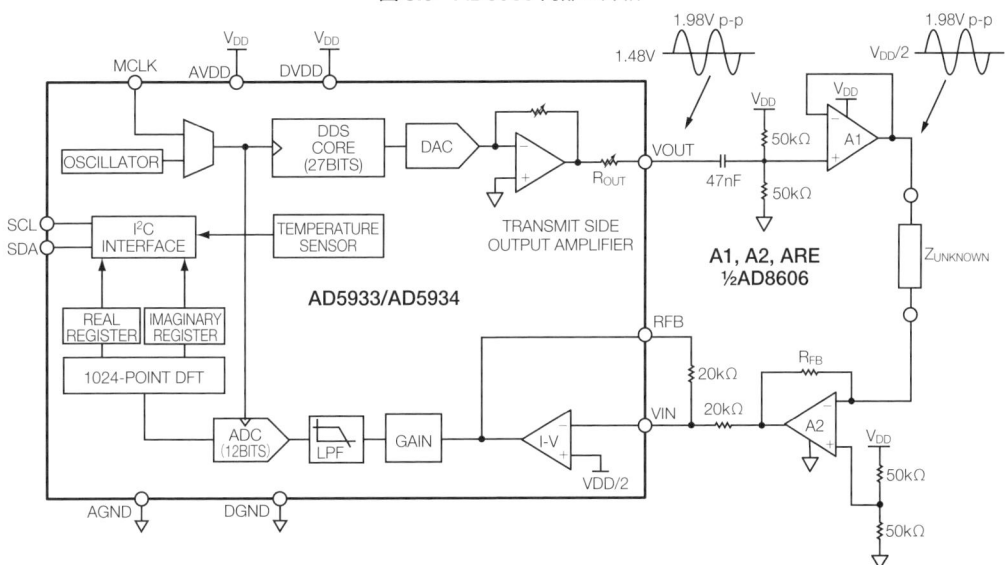

　DFT モジュールで，リアルパート値とイマジナリーパート値をリアルタイムに演算し，演算結果は i2c を経由して取り出すことができます．このモジュールは，12 ビット，1 MSPS（Million Samples Per Second）の A-D 変換機能を持ち，最大 100 kHz までのインピーダンス測定が可能です．通常は，1 kΩ から 10 MΩ ですが，外部回路を使うと 100 Ω から 1 kΩ も可能であるとマニュアルに書いてあります．

　VOUT（2 V_{p-p}）（p-p は「ピーク・ツー・ピーク」）の信号から対象のインピーダンス Z を取り出して，VIN に到達する信号の利得を1にするように抵抗値のパラメータを選択します．利得計算のための詳細回路図を図 3.10 に示します．

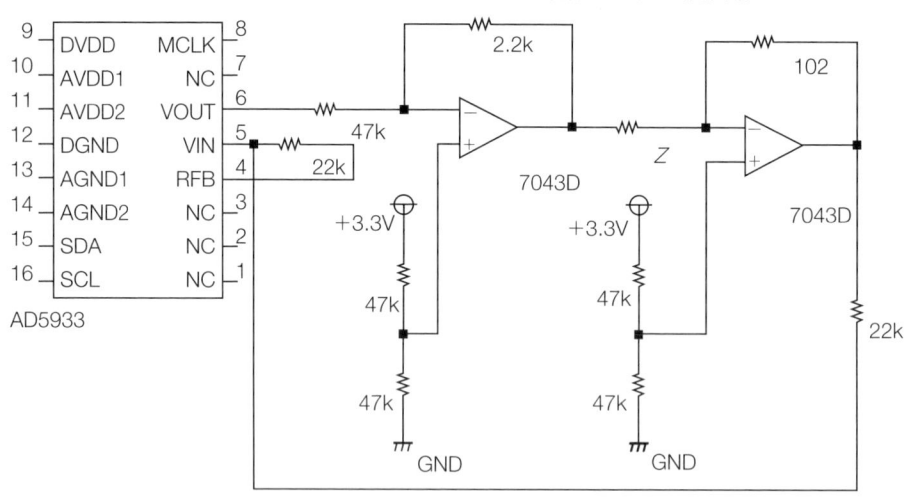

図3.10 インピーダンス Z が 5 Ω 付近で利得 1 になる測定回路

VDD = 3.3 V の場合，VOUT = 2 V$_{p-p}$ では，図3.10 の回路から利得は次式で得られます．

$$利得 = \frac{2.2\mathrm{k}}{47\mathrm{k}} \cdot \frac{102}{Z} \cdot \frac{22\mathrm{k}}{22\mathrm{k}} = 1$$

測定対象インピーダンス Z が 4.8 Ω 付近で，利得が 1 になるようにしました．

図3.11 に試作機の回路図を，図3.12 に試作機の実装を示します．102 Ω と 22 kΩ の比率によって，5 Ω 付近のインピーダンスを正確に測定できるようになります．実験すると，50 Ω ぐらいまでのインピーダンスは，これらの抵抗値設定で，うまく動作します．

次のような原理に基づいて正確なインピーダンスの測定，計算をしています．

振幅 V は一般に次式で計算でき，リアルパート値 R とイマジナリーパート値 I は，AD5933 モジュールで測定できます．

$$V = \sqrt{R^2 + I^2}$$

また，位相 p は次式で計算できます．

$$p = \tan^{-1} \frac{I}{R}$$

ここで，利得係数は次式で計算できます．既知の抵抗 r をキャリブレーションに使う場合，インピーダンス $Z_c = r$ なので，測定された V を使うと，利得係数 G を計算することができます．

$$G = \frac{1}{Z_c V} = \frac{1}{rV}$$

3.4 インピーダンス・ディジタル・コンバータ（AD5933）

図 3.11 AD5933 試作機（FT232RL でデバッグ）

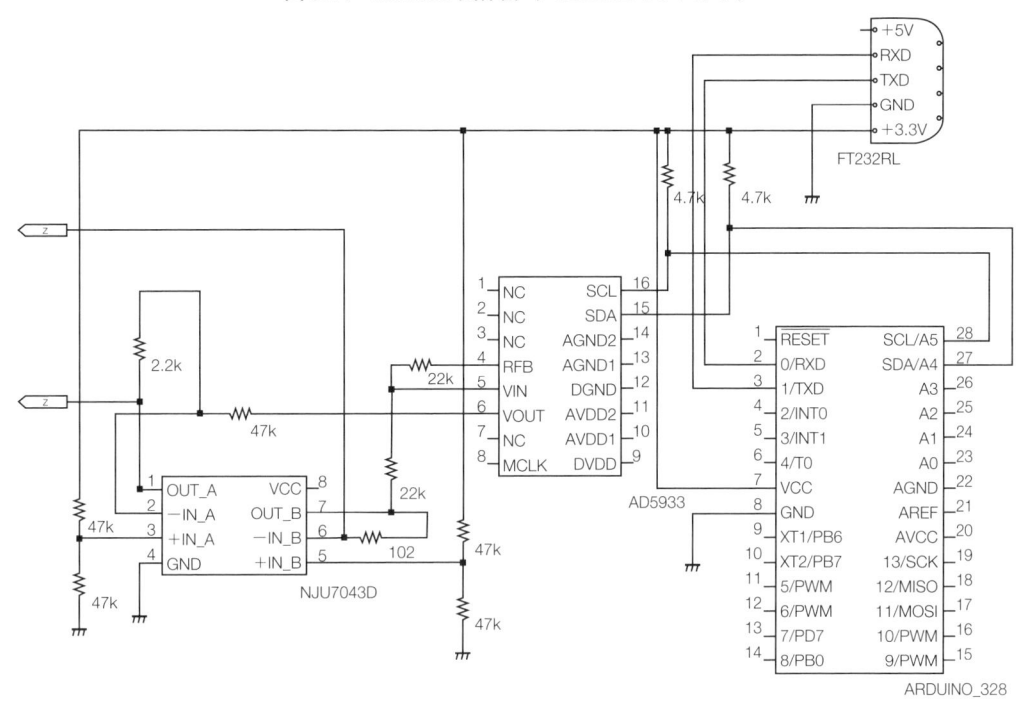

図 3.12 実装された試作機（AD5933）

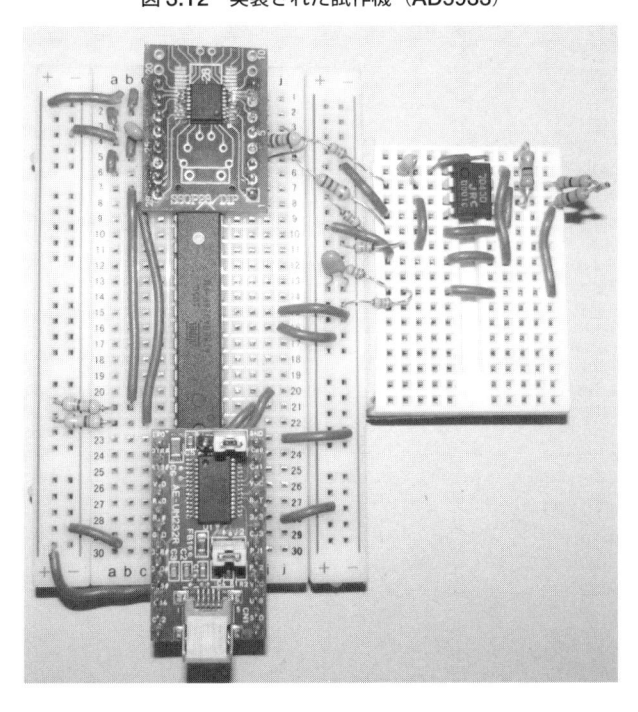

抵抗 r を用いたキャリブレーションによって，利得係数 G は既知となるので，V を測定すれば，未知のインピーダンス Z は，簡単に計算できます．

$$Z = \frac{1}{GV}$$

利得が 1 付近でなくては正確な計算ができないので，未知のインピーダンスの測定範囲は限られてきます．

次のサイトを参考に，AD5933 のオープンソースソフトウェアを開発しました．

https://github.com/openebi

Ubuntu の Terminal から次のコマンドで，`ad5933.tar` ファイルをダウンロードし，`main.hex` ファイルを生成できます．

```
$ wget $take/ad5933.tar
$ tar xvf ad5933.tar
$ cd ad5933
$ make
```

ad5933 フォルダの中を見ると，`xxx.ino` ファイルがありません．このプロジェクトは Arduino 用のソフトウェアではありません．プログラムは，シリアル通信ライブラリ `usart0.h`，i2c ライブラリ `twi.h`，シリアル通信と i2c の設定 `board.h`，AD5933 ライブラリ `ad5933.h` と，メインプログラム `main.c` より構成されています．

メインプログラム `main.c` の重要部分だけを**ソースコード 3.7** に示します．

▼ソースコード 3.7　AD5933 の main.c プログラムの一部

```c
switch (cmdbuf[0]) {
  case 's':
    sweep(stdout,opts.average,opts.fstart,opts.fincr,
        opts.gainp);
    break;
  case 'p':
    sscanf(&cmdbuf[1], "%lf %lf %lf %u %u %hhu %hhu %hhu %hhu",
      &opts.gainp, &opts.fstart, &opts.fincr, &opts.nincr,
      &opts.tsettle, &opts.xtsettle, &opts.nrange,
      &opts.pgagain, &opts.average);
    if (opts.tsettle > 511) opts.tsettle = 511;
    if (opts.xtsettle != 1 && opts.xtsettle != 2 &&
        opts.xtsettle != 4)
      opts.xtsettle = 1;init_ad5933(&opts);
    break;
  case 'f': freerun(stdout);
```

```
              break;
          case 'o': print_options(stdout, &opts);
              break;
          case 't': ad5933_meas_temperature(); _delay_ms(10);
              int tempdata=ad5933_get_temperature();
              if(tempdata&0x2000==1){tempdata -=0x4000;}
              printf("temperature=%.1f\n",(double)tempdata/32);
              break;
          case 'h':
              printf("OpenEBI " "\n"
                "Copyright (c) 2012-2013 Kim H Blomqvist\n");
              break;
          default: printf("Command 'h' for help\n");
              break;
```

AD5933試作機をパソコンにUSB接続し，Cygwinから次のコマンドを実行します．

```
$ miniterm.py -p /dev/ttySxx -e
```

ここで，hを入力すると，コマンドメニューが表示されます．

```
    s       Runs a frequency sweep. Output is in "R I" format.
    p       Sets sweep options. The argument order is as in options
            struct.
    f       Freerun using the programmed start frequency. Abort with
            ESC.
    o       Prints the current options.
    t       temperature
    h       Shows this help.
```

コマンドhでメニュー表示，コマンドoで重要なパラメータを表示します．コマンドsで，設定されたパラメータに応じてスイープします．スイープというのは，スタート周波数（fstart）からインクリメント周波数（fincr）を足しながらnincr分の計算結果を表示します．すべてのパラメータは，コマンドpで設定できます．

コマンドpの設定の例を次に示します．10個の結果が表示されます．

```
$ p 215945 10000 100 10
10000.0   52.31 phase=-1.45 magnitude= 885.32
10100.0   52.21 phase=-1.45 magnitude= 886.89
10200.0   52.14 phase=-1.44 magnitude= 888.22
10300.0   52.51 phase=-1.43 magnitude= 881.82
10400.0   52.79 phase=-1.43 magnitude= 877.27
10500.0   53.27 phase=-1.43 magnitude= 869.28
10600.0   53.44 phase=-1.43 magnitude= 866.49
```

```
10700.0   53.51 phase=-1.44 magnitude= 865.41
10800.0   53.33 phase=-1.44 magnitude= 868.30
10900.0   53.08 phase=-1.45 magnitude= 872.42
```

ここで，コマンドoを実行すると，次のように表示されます．

```
$ o
-gainp     = 215945.00
-fstart    = 10000.00
-fincr     = 100.00
-nincr     = 10
-tsettle   = 10
-xtsettle  = 1
-nrange    = 1
-pgagain   = true
-average   = 16
```

　Seeed Studioサービスを利用して，PCB基板を作ってみました．測定したデータは，Bluetoothを経由して受け取ることができます．

　Bluetooth（4ピン：VCC, GND, TX, RX）は，AliExpressから数百円で購入できます．AliExpressのサイトで，

> 🔍 bluetooth 4 pin

で検索すれば，3ドルぐらいでのBluetoothモジュール（HC-06やHC-07）が発見できます．日本では，AliExpressに比べて，aitendoでは2倍ぐらいの価格になります．

　PCB基板を図3.13に，回路図を図3.14に示します．

　図3.13のガーバーファイル，i2cAD5933.pcbが欲しい場合は，著者に連絡してください（takefuji@sfc.keio.ac.jp）．

3.4 インピーダンス・ディジタル・コンバータ（AD5933）

図 3.13 AD5933 の PCB 基板

図 3.14 AD5933 の PCB 基板回路

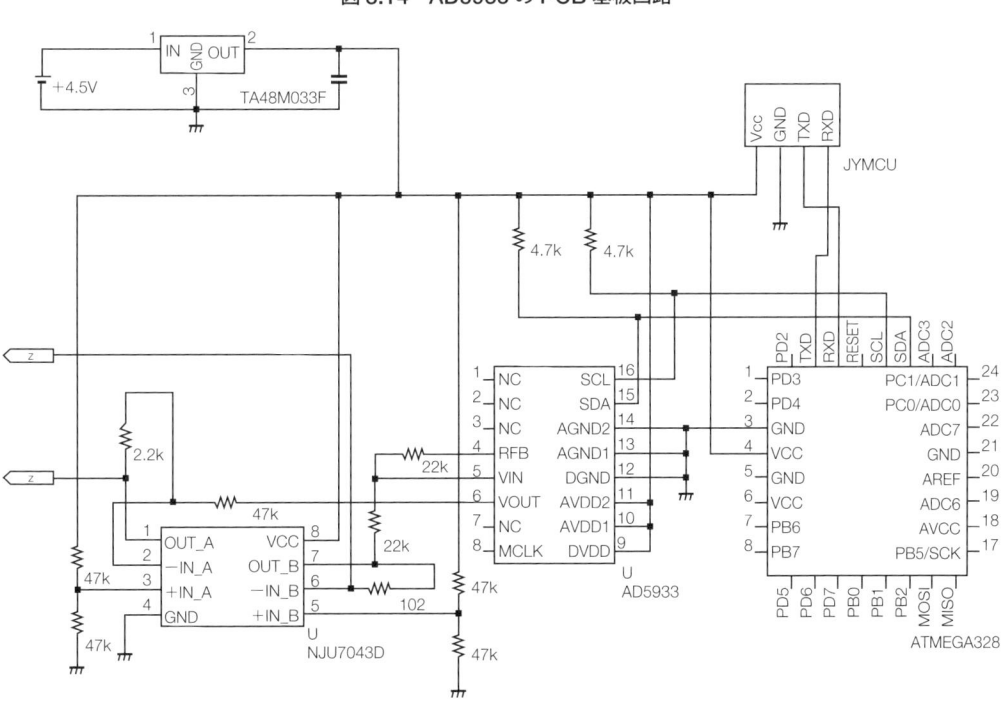

3.5 Python オープンソースの活用

　Python にはさまざまなオープンソースソフトウェアがあります．Chapter 4 以降では，具体的に自動運転などで実際に利用されているオープンソース画像処理パッケージ OpenCV，人工知能技術を応用したオープンソース機械学習パッケージ scikit-learn，ビッグデータの統計解析に使われている statsmodels，人間の脳機能を模倣したディープラーニング（ニューラルネットワーク），日本語音声認識 Julius を紹介していきます．

3.5.1　御用聞きシステム

　ここでは，御用聞きシステムの構築を説明します．御用聞きシステムとは，インターネットに接続された IoT デバイスに対する命令実行の仕組みです．IoT デバイスがインターネットに接続さえしていれば，世界中のどこからでも，IoT デバイスはマスターコンピュータからの命令を定期的に受け取り，その命令を実行します．

　特に，スマートフォンなどのモバイルネットワークでは，インターネットからのスマートフォンへの直接アクセスは許していません．スマートフォンで Web サーバを立ち上げたとしても，グローバル IP が分からなくては，スマートフォンへの Web サーバアクセスはできません．

　御用聞きシステムとは，IoT デバイス自身が，インターネットを経由して，マスターコンピュータからの実行命令をクラウドに取りに行き，その命令を実行し，その結果をクラウドに書き込む仕組みです（図 3.15）．

　マスターコンピュータは，クラウドを経由して，世界中のどこからでも IoT デバイスへの命令をクラウド経由で実行させます．それぞれの IoT デバイスは，自分の IP アドレス情報（グローバル IP とローカル IP) をクラウドに書き込みます．また，IoT デバイスがクラウドにアクセスするたびに，マスターコンピュータからの命令を受け取りに行き，命令を実行し，その結果をクラウドに書き込みます．

　つまり，マスターコンピュータ側からそれぞれの IoT デバイスへの実行命令は，あらかじめクラウドに書き込んでおく必要があります（図 3.16）．

3.5 Python オープンソースの活用

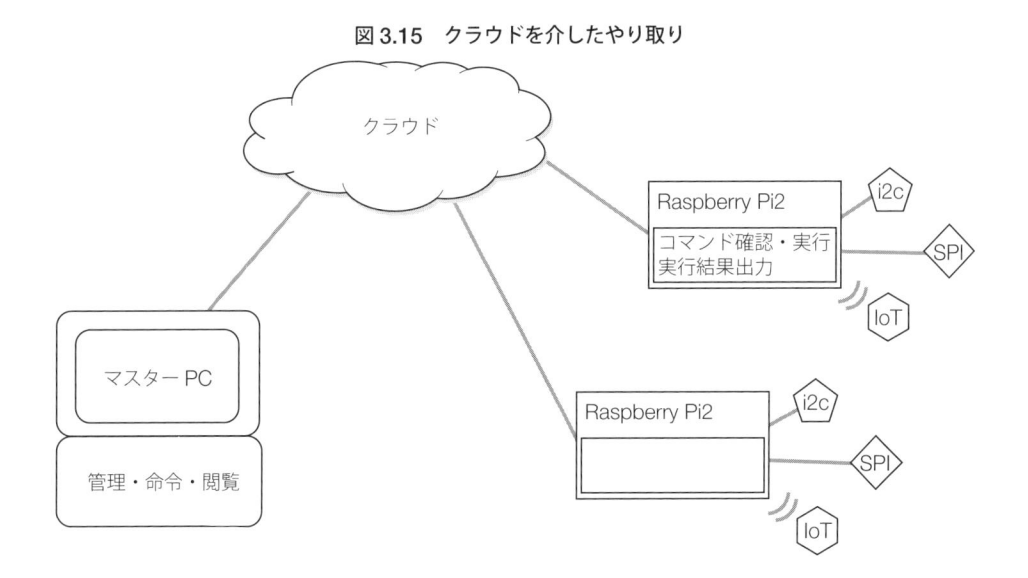

図 3.15 クラウドを介したやり取り

図 3.16 IoT デバイス制御のための Google スプレッドシート

　御用聞きシステムは，3つのプログラム（`ip.py`，`lip.py`，`com.py`）から成り立っています．IoT デバイスのグローバル IP（`ip.py`）とローカル IP（`lip.py`）を取得する必要があります．また，マスターコンピュータからの命令を受け取り，その命令を実行し，その実行結果を報告する仕組みも必要です（`com.py`）．

　`ip.py` と `lip.py` はインターネット検索で見つけ出したオープンソースプログラムです．

　グローバル IP を出力する Python プログラム `ip.py` は，次のような 3 行のプログラムです．

```
$ cat ip.py
import json
from urllib2 import urlopen
print json.load(urlopen('http://httpbin.org/ip'))['origin']
```

ip.py プログラムを実行すると，グローバル IP を返してくれます．

```
$ python ip.py
121.119.99.194
```

次に，ローカル IP を出力する 3 行の lip.py を紹介します．

```
$ cat lip.py
import socket
print([(s.connect(('8.8.8.8', 80)), s.getsockname()[0], s.close())
    for s in [socket.socket(socket.AF_INET, socket.SOCK_DGRAM)]]
[0][1])
```

ip.py と同様，lip.py を実行するとローカル IP を出力します．

```
$ python lip.py
192.168.1.13
```

　本書では，IoT デバイスからクラウドへのアクセスは，Google ドライブのスプレッドシートを利用しました．Google のスプレッドシートのセルに読み書きする機能を利用すると，スプレッドシートが IoT デバイスのマスター制御パネルになります．

　IoT デバイスが，何千台，何万台あろうと，簡単に IoT デバイスを同時に制御できます．Python プログラム com.py は一番重要なプログラムです．対象の IoT デバイスは，Raspberry Pi，BeagleBone，スマートフォン，パソコンを経由してインターネット接続されているものと仮定しています．

　最後に，15 行の Python プログラム com.py を紹介します（現在は com.py は動作しません．ソースコード 3.8（98 ページ）の comoauth2.py を利用してください．参考までに com.py のコードを掲載しておきます）．

```
#!/usr/bin/python
# -*- coding: utf-8 -*-
from commands import *
import gspread,re,os
os.chdir('/home/pi')
g=gspread.login('your_name@gmail.com','password')
w=g.open("test").sheet1
r=getoutput("hostname")
w.update_acell('A2',r)
r=getoutput('python ip.py')
w.update_acell('C2',r)
r=getoutput('python lip.py')
```

```
  w.update_acell('B2',r)
  sh=str(w.range('D2'))
  if "\\n" in sh.split("'")[1]:
    com=sh.split("'")[1].split('\\')[0]
  else:com=sh.split("'")[1]
  if com=="":os._exit(0)
  else:
    r=getoutput(com)
    w.update_acell('E2',r.decode('utf-8'))
```

com.pyでは2つのPythonライブラリを使っています．1つはsubprocessライブラリで，IoTデバイス上で実行した命令の結果を返してきます．

ここで，IoTデバイスとは，Chapter 2の冒頭で説明した，インターネットアクセスできる部分のことです．基本的には，Raspberry PiやAndroidにこの御用聞きシステムを入れておけば，インターネットのどこからでも，IoTデバイスにアクセスできます．

IoT AVRデバイス + USB シリアル ⇔ USB + Raspberry Pi

IoT AVRデバイス + Bluetooth シリアル ⇔ Bluetooth + Raspberry Pi

IoT AVRデバイス + Wi-Fi シリアル ⇔ 無線 LAN ルータ

IoT AVRデバイス + Wi-Fi 機能付き SD カード ⇔ 無線 LAN + Raspberry Pi

IoT AVRデバイス + Bluetooth シリアル ⇔ Bluetooth + Android

IoT ARMデバイス + USB_LTE モデム

以下のcom.pyの説明は，OAuth 2.0認証が必要なこと以外は，基本的に問題ありません．動作を考えてみましょう．

たとえば，getoutput()関数は，IoTデバイス上での命令実行結果を返します．r=getoutput("hostname")の場合，hostnameの命令をRaspberry Pi2で実行し，/etc/hostnameの実行結果が変数rに代入されます．"hostname"の実行と"cat/etc/hostname"の実行結果は同じになります．r=getoutput("pwd")関数を実行すると，変数rには"/home/pi"が代入されます．

もう1つのPythonライブラリは，gspreadライブラリです（3.5.3項参照）．クラウド上のGoogleスプレッドシートにアクセスするのは，非常に簡単です．import gspreadの命令で，ライブラリを読み込み，g=gspread.login('your_name@gmail.com','password')で，Googleスプレッドシートのアカウントにアクセスし，w=g.open("test").sheet1で，スプレッドシートのファイル名testに読み書きできるアクセスができます．

w.update_acell('A2',r)は，hostnameの結果をセルA2に書き込みます．

r=getoutput('python lip.py')とw.update_acell('B2',r)の2行によっ

て，ローカル IP をセル B2 に書き込みます．

　sh=str(w.range('D2')) は，セル D2 の中身を読み出して文字列に変換した値が，変数 sh に代入されます．com=sh.split("'")[1].split('\\')[0] によって，実行命令だけを切り出します．

　sh=str(w.range('D2')) の行の後に "print sh" を挿入すると，[<Cell R2C4 'date\n'>] が表示されるので，実行命令結果の切り出し方を確認できます．

　r=getoutput(com) によって，マスターコンピュータからの命令を実行します．その結果は，変数 r に代入されます．w.update_acell('E2',r.decode('utf-8')) によって，命令実行結果を，セル E2 に書き込みます．

　2 行目の "# -*- coding: utf-8 -*-" によって，日本語の utf-8 コードが扱えます．r.decode('utf-8') は，実行結果の文字列 r を utf-8 でデコードします．

3.5.2　cron と crontab の設定

　定期的にある命令を実行する仕組みが，cron 機能です．cron 機能は，次の crontab コマンドによって設定できます．"-e" は，edit（編集）を意味します．次の例では，1 分ごとに，com.py を実行します．最初のチャンク（文字列）は分，2 番目は時間，…，6 番目に実行するコマンドを書きます．~ はホームディレクトリのことです．Raspberry Pi であれば，/home/pi になります．

```
$ crontab -e
0-59/1 * * * * python ~/com.py
```

```
# （行頭の#マークはコメント行を示す）
# +------------ 分 （0 - 59）
# | +---------- 時 （0 - 23）
# | | +-------- 日 （1 - 31）
# | | | +------ 月 （1 - 12）
# | | | | +---- 曜日 （0 - 6）（日曜日=0）
# | | | | |
# * * * * * 実行されるコマンド
```

Google スプレッドシートの作り方

　Google アカウントがない人は，Google アカウントを作ってから Google ドライブにアクセスします．すでに Google アカウントがある人は，直接，Google ドライブにアクセスします．

　Google ドライブで，「新規」ボタンをクリックし，「Google スプレッドシート」を選ぶと，画面にスプレッドシートが現れます．新しいファイルは，「無題スプレッドシート」になっているので，「無題スプレッドシート」をクリックして，名前を変更します．comoauth2.py

のsh=gc.open('test').sheet1の'test'の名前をここでの名前に変更してください．

3.5.3　OAuth 2.0 認証の gspread ライブラリ comoauth2.py

　gspread ライブラリを OAuth 2.0 認証で実現したプログラム comoauth2.py を紹介します．comoauth2.py は 3.5.1 項の com.py の OAuth 2.0 認証バージョンです（ソースコード 3.8）．comoauth2.py を駆動させるためには，次のライブラリをインストールする必要があります．Cygwin もしくは Ubuntu や Debian で実行します．

```
# pip install python-gflags
# pip install gspread
# pip install oauth2client
# pip install requests
```

　その他，システムによっては，python-openssl などをインストールする必要があります．

　Chapter 6 に OAuth 2.0 認証に関して詳しく説明してありますが，次のサイト（Google Developers Console）にアクセスし，新しいプロジェクトを作成し（「空のプロジェクトの作成」），「API」ボタン（「API 内で使用する Google API の有効化」）で「Drive API」と「Drive SDK」を有効化します．

　　https://console.developers.google.com/project [1]

　左のリストにある「API と認証」の「認証情報」をクリックし，「新しいクライアント ID を作成」をクリックします．「クライアント ID の作成」で「ウェブアプリケーション」を選択し，「同意画面を設定」をクリックしてください．いくつかの項目を設定して，「保存」をクリックします．「認証済みの JavaScript 生成元」に次の 1 行を加えます．

　　http://localhost:8080/

すると，「認証済みのリダイレクト URI」に次の 1 行が追加されます．

　　http://localhost:8080/oauth2callback

「クライアント ID を作成」をクリックします．

　comoauth2.py の CLIENT_ID と CLIENT_SECRET は，上記の Google Developers Console に表示されている「クライアント ID」と「クライアントシークレット」からコピーしてください．1 回目はブラウザが立ち上がりますが，2 回目からはすべてコマンドモードで

---

[1] この URL へアクセスして表示される画面は，プロジェクトを作成していないときと，すでにプロジェクトを作成した後では，異なります．

実行可能です.

▼ソースコード 3.8 comoauth2.py

```python
# -*- coding: utf-8 -*-
import requests, gspread, os, os.path, re
from oauth2client.client import OAuth2WebServerFlow
from oauth2client.tools import run
from oauth2client.file import Storage
from subprocess import *

CLIENT_ID = ''
CLIENT_SECRET = ''
flow = OAuth2WebServerFlow( \
    client_id=CLIENT_ID,
    client_secret=CLIENT_SECRET,
    scope= \
    'https://spreadsheets.google.com/feeds https://docs.google.com/feeds',
    redirect_uri= \
    'http://localhost:8080/ https://www.example.com/oauth2callback')
storage = Storage('creds.data')
if os.path.isfile('creds.data'):
 credentials=storage.get()
else:credentials = run(flow, storage)
gc = gspread.authorize(credentials)
storage.put(credentials)
sh=gc.open('test').sheet1
name=check_output('hostname')
sh.update_cell(11,1,name)
ip=check_output(['python','./ip.py'])
lip=check_output(['python','./lip.py'])
sh.update_cell(11,2,lip)
sh.update_cell(11,3,ip)
com=str(sh.cell(11,4)).split("")[1].split("\\")[0]
print com
if com=="":os._exit(0)
else:
  if len(com.split())==1:r=check_output(com)
  if len(com.split())>1:r=check_output(com,shell=True,stderr=None)
  print r
  sh.update_cell(11,5,r.decode('utf-8'))
```

Chapter 4
Pythonの設定と機械学習

　Pythonはスクリプト言語で，メタプログラミング言語と呼ばれます．C言語に慣れたベテランのプログラマにとっては気持ち悪いかもしれません．Rubyも同様なスクリプト言語で，メタプログラミング言語です．Pythonは，仕組みが単純なので，世界中で多くのオープンソースのライブラリがあります．ここでは，オープンソースライブラリのインストール方法を解説していきます．

4.1　Python環境の設定

　Pythonには，Python 2.xとPython 3.xがあります．ここでは，一番ライブラリが豊富なPython 2.7.9を中心に説明します．

4.1.1　Windows上でのPython設定

　Python 2.7.9をダウンロードして，インストールします[1]．
　Google検索の3つのキーワードは，

> 🔍 python 2.7.9 download

です．
　検索されたダウンロードサイトから，64ビットでは「Windows x86-64 MSI installer」，32ビットでは「Windows x86 MSI installer」をダウンロードして，インストールします．「Python 2.7.9 Setup」ダイアログボックスが表示され，指示に従ってインストールします．

---
[1] 2.7.xの最新バージョンが2.7.10以降の場合がありますが，操作手順やインストールするファイルなどが本書と異なる場合があります．2.7.9をインストールしてください．

設定項目で「Add python.exe to Path」をインストールするように設定すると，Windowsの環境変数にPythonの実行パスを設定してくれます．

ライブラリは次の3つのいずれかの方法でインストールしますが，初心者は1.か2.にするとよいでしょう．

1. 実行ファイル（binary）をダウンロードして，ライブラリをインストール
2. コマンドからライブラリをインストール
3. ソースからライブラリをインストール

1. 実行ファイル（binary）をダウンロードして，ライブラリをインストール

binaryファイルは，次のサイトからダウンロードしてインストールします．

http://www.lfd.uci.edu/~gohlke/pythonlibs/

まずは，Pythonライブラリのインストーラ（pipやsetuptools）をインストールするために，

https://bootstrap.pypa.io/get-pip.py

をダウンロードし，そのファイルをC:\cygwin\home\your_name[2]フォルダに移動させます．Cygwinから，次のコマンドでインストーラをインストールします．

```
$ python get-pip.py
```

pipをアップグレードするには，次のコマンドを実行します．

```
$ python -m pip install -U pip
```

ダウンロードしたライブラリxxxは，次のコマンドでインストールできます．

```
$ pip install xxx.whl
```

PySerialライブラリの場合は，Python 2.7.9では，pyserial-2.7-py2-none-any.whlをダウンロードします．PySerialライブラリをインストールするには，

```
$ pip install pyserial-2.7-py2-none-any.whl
```

---

[2] 移動するフォルダは，任意でかまいません．Cygwinでどのようにフォルダにアクセスするのが使いやすいかなど，各自の環境に合わせてください．

matplotlib ライブラリをインストールするには，まず 6 つのライブラリが必要です[3]．

　numpy, dateutil, pytz, pyparsing, six, setuptools

つまり，次のライブラリをダウンロードし，pip コマンドでインストールします．

```
numpy-1.9.2+mkl-cp27-none-win_amd64.whl（64 ビット）
numpy-1.9.2+mkl-cp27-none-win32.whl（32 ビット）
```

残りは，

```
python_dateutil-2.4.0-py2.py3-none-any.whl
pytz-2014.10-py2.py3-none-any.whl
pyparsing-2.0.3-py2.py3-none-any.whl
six-1.9.0-py2.py3-none-any.whl
setuptools-12.4-py2.py3-none-any.whl
```

これで，次のファイルをダウンロードし，pip でインストールすれば，matplotlib ライブラリは利用できます．

```
matplotlib-1.4.3-cp27-none-win_amd64.whl（64 ビット）
matplotlib-1.4.3-cp27-none-win32.whl（32 ビット）
```

2. コマンドからライブラリをインストール

もう 1 つ，easy_install というコマンドがありますが，試してみましょう．

```
$ easy_install xxx
```

たとえば，次のコマンドです．

```
$ easy_install pyserial
```

また，ファイルをダウンロードしなくても，pip コマンドでインストールできることがあります．

---

[3] 以下のライブラリのインストールファイルは，ライブラリの binary ファイルを置いてある，上記の http://www.lfd.uci.edu/~gohlke/pythonlibs/ で，ライブラリ名をブラウザの検索などで探してください．バージョンを表す数字が異なる場合がありますが，問題ありません．Python のバージョンを表す py2/cp27 など，Windows の 32/64 ビットが各自の環境にあっているファイルを選んでください．

```
$ pip install -U scikit-learn
```

最新のライブラリ OpenCV をインストールしてみましょう[†4]．

```
$ wget https://github.com/Itseez/opencv/archive/3.0.0-beta.zip
$ unzip 3.0.0-beta.zip
$ cd opencv-3.0.0-beta
$ mkdir build
$ cd build
$ cmake ../
```

4.1.2　Ubuntu 上での Python 設定

　Ubuntu や Debian 上では，Windows と比べ，Python の開発環境が整っているので，3つの中のいずれかのコマンドで，ほぼ自動的に Python ライブラリをインストールできます．
　`easy_install`, `pip install`, `apt-get install` などのコマンドです．以下で，具体的に実例を示していきます．Ubuntu と Debian では，インストール方法に違いはありません．したがって，4.1.3 項を参考すれば，Ubuntu でも同様に設定できます．

4.1.3　Raspberry Pi2 上での Python 設定

　パソコンを IoT デバイスの母艦にするにはコストがかかりすぎます．組み込みシステムは，パソコンに代わって安価に IoT デバイスの母艦になります．組み込みシステムは，処理能力がパソコンに比べて少し劣るだけで，機能としては見劣りしません．組み込みシステムの代表が Raspberry Pi で，1 台 3,000 円から 5,000 円ぐらいです．RS components から購入してください．

　　http://jp.rs-online.com/

　Raspberry Pi（イギリス）は 2012 年 2 月から 300 万台以上を売り上げている世界一人気の組み込みシステムです．本書で紹介するのは Raspberry Pi2 で，CPU が ARM Cortex-A7 ベースのクアッドコアプロセッサ（動作周波数 900 MHz）です．詳しい仕様は次のようになります．

- 4 USB ports
- 40 GPIO pins
- Full HDMI port

[†4] cmake を使ったインストールは，Ubuntu 上で実行させます．Cygwin でインストールする場合は，http://www.lfd.uci.edu/~gohlke/pythonlibs/ から binary をダウンロードしてください．

- Ethernet port
- Combined 3.5mm audio jack and composite video
- Camera interface（CSI）
- Display interface（DSI）
- Micro SD card slot
- VideoCore IV 3D graphics core

次のサイトから，Wheezy オペレーティングシステム（Debian）をダウンロードします．

```
http://downloads.raspberrypi.org/raspbian_latest
```

Windows 上でダウンロードした xxx.wheezy.zip を解凍して，xxx.wheezy.img を作成します．

Windows で「win32diskimager」を検索し，

🔍 win32diskimager

次のサイトからダウンロードします．

```
http://sourceforge.net/projects/win32diskimager/files/
Archive/Win32DiskImager-0.9.5-install.exe
```

Win32DiskImager-0.9.5-install.exe をダブルクリックして，Windows にインストールします[5]．

Debian で作成した xxx-wheezy.img ファイルをマイクロ SD に書き込むには，マイクロ SD に下駄を履かせてパソコンに差し込みます．

1. Windows で Win32 Disk Imager を起動して，「Image File」ボタンをクリックし，解凍した xxx-wheezy.img ファイルを開きます．
2. SD カードをパソコンに挿入し，「Device」が SD またはマイクロ SD が選ばれていることを確認します．
3. 「Write」ボタンをクリックすると，書き込みが始まり，しばらくすると書き込みが終了します（図 4.1）．

---

[5] Web 検索から見つけたサイトでダウンロードした際，ブラウザによって有害なプログラムがあると報告され，ダウンロードがブロックされてしまうかもしれません．その場合は，上記のサイトからダウンロードしてください．

図 4.1　マイクロ SD 書き込みツール（Win32 Disk Imager）

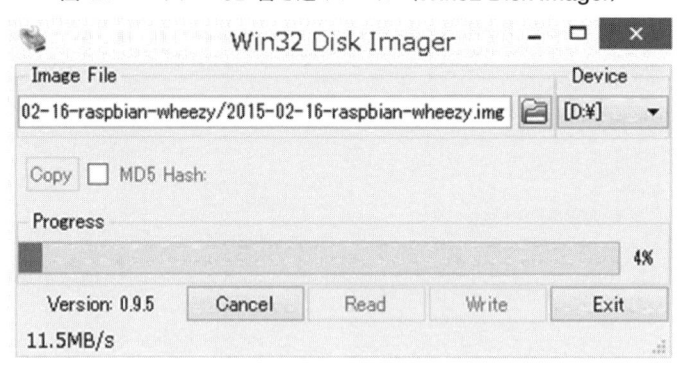

4. 書き込んだマイクロ SD カードを，Raspberry Pi2 に挿入し，インターネットルータと Ethernet ケーブルで有線接続し，Raspberry Pi2 のマイクロ USB に電源供給します．
5. Ethernet の LED がチカチカと点灯すると，ルータが Raspberry Pi2 に IP を自動的に振り分けたことを知らせています．
6. `fing` コマンドを Cygwin で実行し，MAC アドレスを確認します．
B8：27：EB：F0：wx：yz を確認し，Raspberry Pi2 の IP に ssh アクセスするために，Cygwin で次のコマンドを実行します[6]．

```
cygwin$ ssh pi@192.168.1.xxx
```

これで，Rasberry Pi2 の Debian に ssh 接続できます．パスワードは，raspberry です．Debian で次のコマンドを実行します[7]．

```
pi2$ passwd         ←必ず新しいパスワードraspberryを設定
pi2$ sudo su        ←スーパーユーザーになる
pi2# apt-get install python-pip
pi2# easy_install gspread
pi2# raspi-config
```

Expand File System を実行してください．この命令実行によって，Raspberry Pi2 の利用容量（マイクロ SD）を最大限に広げます．

```
pi2# exit
```

[6] ここでは，Cygwin でのコマンドを明示的に示すため，プロンプトを「`cygwin$`」に変更しています．
[7] ここでは，Debian（Raspberry Pi2）での Terminal を明示的に示すため，プロンプトを「`pi2$`」に変更しています．

.bashrcファイルに次の行を入力してください．

```
take='http://web.sfc.keio.ac.jp/~takefuji'
```

```
pi2$ source .bashrc
pi2$ wget $take/ip.py
pi2$ wget $take/lip.py
pi2$ wget $take/comoauth2.py
```

comoauth2.pyのemailアドレス，パスワード，Googleスプレッドシートのファイル名などを変更します．

```
pi2$ python comoauth2.py
```

Raspberry Pi2からのクラウド上のGoogleスプレッドシートの書き込みを確認します．

```
pi2$ crontab -e    ←次の行を入力
0-59/1 * * * * python ~/comoauth2.py
```

1分ごとに，GoogleスプレッドシートのセルD2に書き込む命令コマンドをRaspberry Pi2が実行し，その結果をセルE2に書き込みます．

次のコマンドで，Arduino開発環境をインストールできます．

```
pi2$ sudo su
pi2# apt-get install arduino arduino-core arduino-mk
pi2# exit
```

次に，Arduino開発環境のインストールテストをして，確かめます．

```
pi2$ wget $take/hdc1000_st7032.tar
pi2$ tar xvf hdc1000_st7032.tar
pi2$ cd hdc1000_st7032
pi2$ make
```

エラーが出なければ，Arduino開発環境のインストールは成功です．

ゼロからRaspberry Pi2に新しいインターネット機能を加えるためには，最初は有線接続（Ethernet）から設定し，有線接続しながら無線LANの設定を行います．有線設定と無線LAN設定が完了していれば，モバイルネットワーク（3G，LTE）接続の設定は簡単になります．安定しているのは有線接続なので，有線接続しながらモバイルネットワークの設定をしましょう．

注意事項

1. システムにライブラリをインストールする場合は，必ずスーパーユーザーになってから，インストールを実行してください（`sudo su` コマンド）．
2. エディタは，`vi` を使って，効率的に作業をしましょう．
3. `.bashrc` ファイル設定を充実させましょう．
4. aliase 機能を利用して，なるべく簡単な命令で，目的を達成するようにします．
5. Windows に `fing` をインストールすると，IP アドレスや MAC アドレスを簡単に調べることができます．
6. インターネットを経由して ssh 接続する場合も，なるべくパブリックキー ssh アクセスをしましょう．
7. 問題解決には，インターネット検索を活用しましょう．

4.1.4　Raspberry Pi2 に i2c センサーを接続

IoT デバイスでは，i2c センサーを使って実測できます．ネットワークを経由したリアルタイムな実測方法を説明します．本書では，次の 3 つのネットワークからのデータアクセス方法を解説します．

1. 測定値データに有線 LAN からデータアクセスします．
2. 測定値データに無線 LAN からデータアクセスします．
3. 測定値データにモバイルネットワーク（3G，LTE）からデータアクセスします．

これらの 3 つのデータアクセス法をマスターすれば，複雑なクラウド型 IoT デバイスシステムを簡単に構築できます．

（1）i2c センサーの測定値データに有線 LAN からアクセス

Raspberry Pi2 の電源を切ってから，GY-80 または GY-801 センサーモジュールの，3.3 V，SCL，SDA，GND の 4 本を Raspberry Pi2 のピンと接続します．図 4.2 に Raspberry Pi2 の詳細なピン配置を，図 4.3 に Raspberry Pi2 と i2c 基板の接続を示します．GY-80（GY-801 も同じピン配置）のピン名称がセンサーモジュールに印刷されているので，必ず確認しながら，接続してください．

4.1 Python 環境の設定

図 4.2　Raspberry Pi2 のピン配置（白いマークの 3.3 V，SDA，SCL，GND と GY-80 を接続）
（http://www.rs-online.com/designspark/electronics/eng/blog/introducing-the-raspberry-pi-b-plus）

図 4.3　Raspberry Pi2 と i2c 基板の接続

Raspberry Pi2（ピン配置）

1	3	5	7	9
3.3 V	SDA	SCL	GPIO4	GND

107

2.2.4 項で示した PCB 基板を使えば楽ですが，ない場合は 4 本のケーブルで接続してください．GY-80 センサーを接続してから，有線 LAN に接続して，Raspberry Pi2 の電源を入れます．

しばらく待ってから，パソコンから Raspberry Pi2 に ssh アクセスします．Cygwin のターミナルで次のコマンドを実行します．

```
cygwin$ ssh pi@192.168.xxx.yyy
```

xxx や *yyy* の値は，`fing` を実行して IP を調べておいてください．

alias 機能と ssh アクセス

たとえば，Raspberry Pi2 の名前を pi2 にした場合，Cygwin のターミナルから alias 機能が使えます．/etc/hosts ファイルに IP とニックネームを書き込みます．たとえば，

```
192.168.1.37    pi2
```

次回からはニックネームだけで Raspberry Pi2 にアクセスできます．

```
cygwin$ ssh pi@pi2
```

パスワードがいちいち面倒くさいので，パブリックキー ssh アクセスを設定し，パスワード入力なしでパソコンから Raspberry Pi2 にアクセスできるようになります．Cygwin で，次のコマンドを実行します．

```
cygwin$ ssh-keygen -t rsa  ←すべての質問に対してリターンキーを押す
```

すると，.ssh フォルダが生成され，その中にパブリックキーファイル id_rsa.pub が生成されます．アクセスしたい Raspberry Pi2 の .ssh フォルダ内の authorized_keys ファイルに，その id_rsa.pub ファイルをアペンド（書き加え）します．

```
cygwin$ cd .ssh
```

次の scp コマンドで，id_rsa.pub ファイルが /home/pi フォルダに転送されます．

```
cygwin$ scp id_rsa.pub pi@pi2:~
```

ここで，パソコンから Raspberry Pi2 に ssh アクセスします．

```
cygwin$ ssh pi@pi2
```

パスワードを入力します．

```
pi2$ mkdir .ssh  ←.ssh ファイルがすでにあればこのコマンドは必要ない
pi2$ cat id_rsa.pub >>.ssh/authorized_keys
```

">>" がアペンドの実行になります．

```
pi2$ exit
```

ここで，初めて，パソコンから Raspberry Pi2 にパブリックキーを使った ssh アクセスを試みます．

```
cygwin$ ssh pi@pi2
```

パスワードを聞かれずに，Raspberry Pi2 にアクセスできれば，成功です．

次のコマンドを実行して，Raspberry Pi2 に i2c 実行環境を設定します．

```
pi2$ sudo su
pi2# apt-get install i2c-tools python-smbus
pi2# apt-get install libxml2-dev libxslt1-dev python-lxml
pi2# apt-get install build-essential python-dev
pi2# git clonehttps://github.com/petervizi/python-eeml.git
pi2# cd python-eeml
pi2# python setup.py install
pi2# apt-get install
```

次のコマンドで，i2c デバイス利用を可能にします．

```
pi2# raspi-config
```

　　Advanced Options → i2c → enabled

ここで使う GY-80 または GY-801 センサーモジュールは，AliExpress から購入できます(約 1,000 円)．GY-80 または GY-801 センサーモジュールには，4 つのセンサー

　L3G4200D（3 軸ジャイロ：0x69）
　ADXL345（3 軸加速度：0x53）
　HMC5883L（地磁気：0x1E）
　BMP085（0x77）or BMP180（0x77）

が搭載されています．
　次の i2cdetect コマンドで，デバイス GY-80 または GY-801 の 4 つのセンサーの確認と，それぞれの i2c のアドレスを検証できます．

```
pi2# i2cdetect -y 1
     0  1  2  3  4  5  6  7  8  9  a  b  c  d  e  f
00:          -- -- -- -- -- -- -- -- -- -- -- -- --
10: -- -- -- -- -- -- -- -- -- -- -- -- -- -- 1e --
20: -- -- -- -- -- -- -- -- -- -- -- -- -- -- -- --
30: -- -- -- -- -- -- -- -- -- -- -- -- -- -- -- --
40: -- -- -- -- -- -- -- -- -- -- -- -- -- -- -- --
50: -- -- -- 53 -- -- -- -- -- -- -- -- -- -- -- --
60: -- -- -- -- -- -- -- -- -- 69 -- -- -- -- -- --
70: -- -- -- -- -- -- -- 77
```

Raspberry Pi2 にパソコンから ssh でアクセスします．fing コマンドで，Raspberry Pi2

Chapter 4 Pythonの設定と機械学習

のIPアドレスをあらかじめ確認しておいてください.

```
cygwin$ ssh pi@192.168.x.y
```

.bashrcファイルの先頭に，次の1行を入力します.

```
take='http://web.sfc.keio.ac.jp/~takefuji'
```

```
pi2$ source .bashrc
pi2$ wget $take/bmp085.py
```

次のbmp085.pyプログラムで，気圧と気温が出たら，成功です.

```
pi2$ sudo python bmp085.py
Temperature: 21.90 C
Pressure:    1021.00 hPa
```

成功しなかったら，次のようなエラーが表示されるかもしれません.

```
ImportError: No module named eeml
```

ここからは，インターネットの検索術で対処します.
検索キーワードは,

🔍 python eeml

の2つです.
python-eemlのサイトを見つけました.

```
$ wget   https://github.com/petervizi/python-eeml/archive/master.zip
$ unzip master.zip
$ cd python-eeml-master
```

次のコマンドでインストールします.

```
$ sudo python setup.py install
fatal error: Python.h: No such file or directory
```

エラーが出ました．検索キーワードは,

🔍 `python Python.h "No such file"`

です．
　検索結果から，次のコマンドを実行します．

```
$ sudo apt-get install python-dev
```

もう一度，次のコマンドを実行します．

```
$ sudo python setup.py install
```

次のエラーが出たので，

```
libxml/xmlversion.h: No such file
```

検索キーワードは，

🔍 `python libxml/xmlversion.h "No such file"`

です．
　検索結果から，次のコマンドを実行します．

```
$ sudo apt-get install libxml2-dev libxslt1-dev
```

もう一度，次のコマンドを実行します．

```
$ sudo python setup.py install
```

これで，無事にインストールできました．
同様に，`hmc5883L.py`，`adxl345.py`，`l3g4200d.py`をダウンロードします．

```
pi2$ wget $take/hmc5883L.py
pi2$ wget $take/adxl345.py
pi2$ wget $take/l3g4200d.py
```

　ここで，パソコンから1つのコマンド命令実行で，自動的にIoTデバイスのセンサー測定値を取得する方法を説明します．目的の機能を簡単に実現できるのが，アメリカ空軍が開発したexpect関数です．Windowsに，Cygwinからexpect関数をインストールします．

expect関数は対話型コマンドで，インタラクティブに会話しながら，さまざまな命令を実行できる便利な関数です．

```
$ bash bmp085.sh
sudo python bmp085.py
Temperature: 17.20 C
Pressure:    1018.00 hPa
```

bmp085.shを次に示します．

```
$ cat bmp085.sh
#!/bin/bash
/usr/bin/expect <<EOD
log_user 0
set timeout 30
spawn ssh pi@pi1
expect "pi@pi1"
send "sudo python bmp085.py\n"
log_user 1
expect "hPa"
send "exit\n"
interact
EOD
```

expect関数は，spawn，send，sendが基本のコマンドです．spawnコマンドによって実行を開始します．expectコマンドは，" "に囲まれた文字列が来るまで待機します．expect "pi@pi1"は，ログインが成功するまで待つために，プロンプト（"pi@pi1"）が返されるまで待ちます．

sendコマンドは，" "内の命令文字列を送り込み，ターゲットマシンでその命令を実行させます．send "sudo python bmp085.py\n"は，Pythonプログラムbmp085.pyをスーパーユーザーモードで実行します．log_user 0は，画面表示を止めます．log_user 1は，画面表示を開始します．expect "hPa"コマンドは，Pythonプログラムを実行したら，ヘクトパスカル表示の気圧〔hPa〕が表示されるので，expect関数を終了します．このbashプログラムの中には，bashコマンドも書き込めるので大変便利です．

(2) i2cセンサーの測定値データを無線LANからアクセス

無線LANを接続するには，無線LAN USBアダプタを使います．無線LANでは，802.11n接続ができることを確認しましょう．無線LAN USBアダプタを購入するときに重要なことは，Raspberry Piまたは，Pi2で実績があるかどうか調べます．キーワードは，

🔍 Raspberry 無線アダプタ

などです．

　Raspberry Pi2 の無線 LAN USB アダプタの推薦サイトは，次のサイトですが，日本では売っていないアダプタが多くあります．

```
http://elinux.org/RPi_USB_Wi-Fi_Adapters
```

`fing` で Raspberry Pi2 の IP を確認してから，パソコンから Raspberry Pi2 に有線アクセスします．

```
cygwin$ ssh pi@192.168.x.y
```

　海外で人気がある無線 LAN アダプタは，TL-WN725N です．TL-WN725N のドライバをインストールするには，Raspberry Pi2 で次のコマンドを実行してください．

```
$ wget https://dl.dropboxusercontent.com/u/80256631/install-8188eu.tgz
$ tar xvf   install-8188eu.tgz
$ sudo ./install-8188eu.sh
$ sudo reboot
```

　無線 LAN を設定するには，Raspberry Pi2 を有線 LAN に接続し，無線 LAN 環境を設定していきます．無線 LAN に関係する重要な 2 つのファイルを準備します．

　/etc/network/interfaces ファイル

　/etc/wpa_supplicant/wpa_supplicant.conf ファイル

　/etc/network/interfaces ファイルの中身はエディタを使って次のように編集してください．

```
pi2$ cat  /etc/network/interfaces
auto wlan0
iface lo inet loopback
iface eth0 inet dhcp
iface default inet dhcp
allow-hotplug wlan0
iface wlan0 inet dhcp
wpa-conf /etc/wpa_supplicant/wpa_supplicant.conf
```

　この設定により，無線 LAN ルータから DHCP の IP アドレスを Raspberry Pi2 に割り振

Chapter 4　Pythonの設定と機械学習

ってもらえます．

`/etc/wpa_supplicant/wpa_supplicant.conf` の中身は次のように編集してください．

```
pi2$ cat /etc/wpa_supplicant/wpa_supplicant.conf
ctrl_interface=DIR=/var/run/wpa_supplicant GROUP=netdev
update_config=1
network={
        ssid="無線LAN ssid"
        proto=RSN
        key_mgmt=WPA-PSK
        pairwise=CCMP TKIP
        group=CCMP TKIP
        psk="password"
}
```

必ず，無線LAN ssidとpasswordは環境に合わせて変更してください．

Raspberry Pi2のWi-Fi USBモジュールは，次のサイトから選んでください．

http://elinux.org/RPi_USB_Wi-Fi_Adapters

次の`ifdown`と`ifup`コマンドを実行すれば，Raspberry Pi2に無線LANルータからDHCPのIPアドレスが自動的に割り振られます．

```
pi2$ sudo su
pi2# ifdown wlan0
```

次のコマンドで，DHCPのIPがRaspberry Pi2に振られます．

```
pi2# ifup wlan0
```

USB Wi-FiモジュールのLEDがチカチカと点灯します．有線LANのIPとは別の無線LANのIPがDHCPで振られたことを確認し，メモしておきます．

ここで，次の`halt`コマンドで，Raspberry Pi2をシャットダウンさせます．

```
pi2# halt
```

Raspberry Pi2の電源を抜いて，有線LANから切り離します．再びRaspberry Pi2の電源を入れて，Wi-Fi USBモジュールのLEDがチカチカ点灯すれば，おそらく無線ルータからIPを振り分けられたと思われます．`fing`コマンドでIPを確認しましょう．

```
cygwin$ ssh pi@pi2w
```

pi2wはRaspberry Pi2の無線LANのIPです．

```
pi2w$ sudo python bmp085.py
```

温度と気圧が表示されれば，無線LANからのセンサーデータへのアクセスは成功です．
実は，無線LANを設定する簡単な方法があります．次のサイトからTightVNCをダウンロードして，Windowsにインストールします．

　http://www.tightvnc.com/download.php

CygwinからRaspberry Pi2にsshアクセスしてから，tightvncserverをインストールします．

```
cygwin$ ssh pi@192.168.x.y
pi2$ sudo su
pi2# apt-get install tightvncserver
pi2# exit
pi2$ vncserver
```

パスワードが要求されるので，パスワードを設定します．次のメッセージが表示されれば，成功です．

```
Starting applications specified in /home/pi/.vnc/xstartup
Log file is /home/pi/.vnc/pi2:1.log
```

WindowsからTightVNC Viewerを起動します．画面が表示されたら，「Remote Host」に次の入力をして，「Connect」ボタンをクリックします．ip_addressはRaspberry Pi2のIPアドレスです．ポートは5901です．

　ip_address::5901

「Menu」-「Preferences」-「Wi-Fi Configuration」を起動します．
「Scan」ボタンをクリックすると，Wi-Fiスキャンが始まります．接続したいSSIDが現れたらクリックし，環境に合わせて設定して「Add」ボタンでWi-Fi設定は完了します．再起動すれば，無線LANアダプタがチカチカと点灯するはずです．

(3) i2c センサーの測定値データをモバイルネットからアクセス

　Raspberry Pi2 を使ってモバイルネットを実現するには，3G や LTE の USB モデムと SIM が必要です．無線 LAN USB アダプタと同様で，3G や LTE の USB モデムの選定が重要です．著者が最初に購入したモデムは Huawei 社の E1750 です．AliExpress から 20 ドルぐらいで購入しました．similar（もどき）と本物があるので，なるべく本物を購入しましょう．

　有線 LAN か無線 LAN のいずれかの方法で，パソコンから Raspberry Pi2 にアクセスし，モバイルネットを設定します．設定は，有線 LAN の方が安定していると思います．

　3G あるいは LTE の SIM の準備が必要です．著者は，bb-excite の LTE SIM（1 か月 1 GB 3 枚，1,280 円）を利用しています．

　次のコマンドで，パソコンから Raspberry Pi2 に ssh アクセスします．pi2 は Raspberry Pi2 の IP アドレスで，/etc/hosts で設定してあります．

```
cygwin$ ssh pi@pi2
```

　Raspberry Pi2 に sakis3g をダウンロードします．sakis3g は便利な 3G モデム設定用のスクリプトです．

```
pi2$ wget $take/sakis3g.tar.gz
pi2$ tar xvf sakis3g.tar.gz
```

　スーパーユーザーになってから，ppp と libusb-dev をインストールします．

```
pi2$ sudo su
pi2# apt-get install ppp libusb-dev
pi2# ./sakis3g --interactive    ←この命令で設定画面が立ち上がる
```

　図 4.4 の sakis3g の設定画面の「2. More options...」を選択します．Option 画面を図 4.5 に示します．図 4.5 の「3. Only setup modem」を実行し，次に「5. Compile embedded Usb-ModeSwitch」を実行します．次に，図 4.5 の「1. Connect with 3G」を実行し，APN，APN_USER，APN_PASS の 3 つを入力すると，モバイルネットワークに接続されます．

図 4.4 sakis3g の設定画面

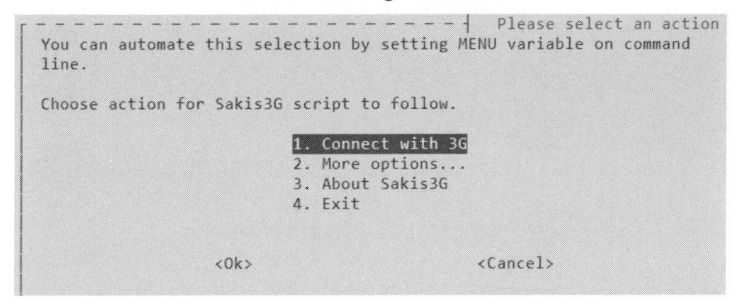

図 4.5 sakis3g の Option 設定画面

モデムが接続されると，モデムの LED が点灯します．

bb-excite では次のコマンドで，3G または LTE に接続できるか，確かめてみます．購入した SIM に合わせて環境設定してください．

```
pi2# ./sakis3g connect APN="vmobile.jp" APN_USER="bb@excite.co.jp" APN_PASS="excite"
```

次のコマンドで，モバイルネットワークの接続を切断します．

```
pi2# ./sakis3g disconnect
```

/etc/network/interfaces を次のように変更しました．

```
pi2$ cat /etc/network/interfaces
auto wlan0
iface lo inet loopback
iface eth0 inet dhcp
iface default inet dhcp
```

```
allow-hotplug wlan0
iface wlan0 inet dhcp
wpa-conf /etc/wpa_supplicant/wpa_supplicant.conf
auto ppp0
iface ppp0 inet dhcp
/home/pi/sakis3g connect APN="vmobile.jp" APN_USER="bb@excite.co.jp"
APN_PASS="excite"
```

また，`/etc/rc.local` に sakis3g の記述を加えました．

```
pi2$ cat /etc/rc.local
_IP=$(hostname -I) || true
if [ "$_IP" ]; then
  printf "My IP address is %s\n" "$_IP"
fi
sudo /home/pi/sakis3g connect APN="vmobile.jp" APN_USER="bb@excite.co.jp" APN_PASS="excite"
exit 0
```

マスターコンピュータからの命令を定期的に実行させるために，crontab 機能を活用します．詳しくは，3.5.1 節を参照してください．

```
pi2# crontab -e
```

次のような設定にし，20 秒ごとに Python プログラム `comoauth2.py` を実行します．

```
SHELL=/bin/bash
PATH=.:/usr/local/sbin:/usr/local/bin:/usr/sbin:/usr/bin:/sbin:/bin
* * * * * for i in `seq 0 20 59`;do (sleep ${i} ; python /home/pi/comoauth2.py) & done;
```

4.2 scikit-learn

オープンソースライブラリの中でも，巨大なパッケージがscikit-learnです．scikit-learnには，既存の多くの学習モデルが組み込まれています．昔は，難しい学習モデルをC言語で実装していましたが，現在は，Pythonプログラムのimportの1行で学習モデルを読み込めるのです．

Linuxでは，次のコマンドで簡単にインストールできます．

```
$ sudo su
# apt-get install python-sklearn
```

機械学習にはさまざまなモデルがあります．次のサイトには詳細な機械学習モデルリスト情報があります．

http://en.wikipedia.org/wiki/List_of_machine_learning_concepts

最近の流行は，アンサンブル学習と言い，複数のアルゴリズムを組み合わせます．その代表例が，次の6つの手法です．アンサンブル学習とは，精度が高くない複数の結果を統合・組み合わせることで，精度を向上させる機械学習方法です．

- Boosting
- Bootstrapped Aggregation（Bagging）
- AdaBoost
- Stacked Generalization（blending）
- Gradient Boosting Machines（GBM）
- Random Forest

本書では，最近流行のテキストマイニング機械学習の技術を最初に紹介します．テキストを扱うビッグデータ解析に使われている技術です．本書では，scikit-learnで解説されている機械学習を要約して解説していきます．

4.2.1 scikit-learnを使ったテキスト学習

20のニュースグループのフォルダにそれぞれテキストが入っています．それぞれのフォルダに入っているテキストを特徴抽出し，フォルダ名を教師信号として機械学習させ，分類器（classifier）を生成します．出来上がった分類器にキーワードや語句を入力すると，入力した

語句がどのニュースグループに一番関連するか，ニュースグループ名を予測し表示します．

Ubuntuで次のサイトからtext.pyファイルをダウンロードしてください．このPythonプログラムtext.pyは，下記プログラムを参考にしています．

http://scikit-learn.org/stable/tutorial/text_analytics/working_with_text_data.html

```
$ wget $take/text.py
$ python  -i text.py
```

しばらく待つと，次のプロンプトが出てくるので，godと入力してください．

```
enter: god
```

また，openglと入力してください．sins, daemon, demons, …と入力すると，comp.graphics か soc.religion.christian のいずれかが表示されます．機械学習によって，単語や語句や文書が，どちらのグループの言葉に近いか，グループ名を分類してくれます．

オリジナル20のニュースグループデータは次から入手できます．

```
$ wget http://people.csail.mit.edu/jrennie/20Newsgroups/20news-bydate.tar.gz
```

データを解凍すると，2つのフォルダが生成されます．

```
$ tar xvf 20news-bydate.tar.gz
```

20news-bydate-test   20news-bydate-train

fetch_20newsgroupsライブラリは，選択されたcategories（cat）だけを選んでデータを取ってきます．ここでは，soc.religion.christianとcomp.graphicsの2つを選びました．

難しい3つの関数（CountVectorizer(), TfidfTransformer(), MultinomialNB()）の意味を簡単に解説します．

1. CountVectorizer()
   与えられた文例から単語の出現頻度と並びをベクトル化します．
2. TfidfTransformer():tf-idf（term frequency–inverse document frequency）
   ドキュメントごとの単語の出現頻度をもとにtf-idfを計算して，さらに正規化します．

tfは，単語の文書内での出現頻度を表します．idfはそれぞれの単語がいくつの文書内で共通して使われているかを表します（逆文書頻度）．いくつもの文書で横断的に使われている単語は重要ではないことを表します．

3. `MultinomialNB()`：Naive Bayes classifier for multinomial models
離散的な特徴を学習させるナイーブベイズ分類器です．

`CountVectorizer()`関数を使って，`train.data`の単語頻度と並びをベクトル化します．

```
vect=CountVectorizer()
trainc=vect.fit_transform(train.data)
trainc.shape
```

また，`vocabulary_.get()`関数で，辞書を構築します．

```
vect.vocabulary_.get(u'algorithm')
```

次の3行で，tf-idfを計算します．単語の出現頻度(tf)と逆文書頻度(idf)を正規化計算します．

```
tfidf=TfidfTransformer()
train_tfidf=tfidf.fit_transform(trainc)
train_tfidf.shape
```

ナイーブベイズ分類器には，`GaussianNB`（特徴量が正規分布すると仮定できるとき），`MultinomialNB`（ある事象が発生した回数が特徴量となる場合），`BernoulliNB`（ある事象が発生したか，しなかったかの2値で特徴量を表せる場合）の3つがあります．ここでは，`MultinomialNB`のナイーブベイズ分類器を使います．分類器`clf`では，`train_tfidf`を学習データとして，`train.target`データを出力できるように学習させます．

```
clf=MultinomialNB().fit(train_tfidf, train.target)
```

入力した単語や語句をベクトル化し（`new_counts=vect.transform([input])`），そのベクトルをtf-idf変換したデータ（`new_tfidf=tfidf.transform(new_counts)`）を，学習した分類器`clf`の`clf.predict()`関数に入力すると，ニュースグループ名を出力します．

scikit-learnを使ったテキスト学習のプログラム`text.py`を**ソースコード4.1**に示します．

▼ソースコード 4.1　scikit-learn を使ったテキスト学習（text.py）

```
predicted=clf.predict(new_tfidf)

cat=['soc.religion.christian','comp.graphics']
from sklearn.datasets import fetch_20newsgroups
train=fetch_20newsgroups(subset='train', categories=cat, \
    shuffle=True, random_state=42)
from sklearn.feature_extraction.text import CountVectorizer
vect=CountVectorizer()
trainc=vect.fit_transform(train.data)
trainc.shape
vect.vocabulary_.get(u'algorithm')
from sklearn.feature_extraction.text import TfidfTransformer
tfidf=TfidfTransformer()
train_tfidf=tfidf.fit_transform(trainc)
train_tfidf.shape
from sklearn.naive_bayes import MultinomialNB
clf=MultinomialNB().fit(train_tfidf, train.target)
while 1:
    input=raw_input('enter: ')
    new_counts=vect.transform([input])
    new_tfidf=tfidf.transform(new_counts)
    predicted=clf.predict(new_tfidf)
    for cate in predicted:
        print train.target_names[cate]
```

4.2.2　マルコフモデルからサザエさんのジャンケンにチャレンジ

　Python のライブラリを使うと，自分でも簡単にすべての組み合わせの頻度を測定することができます．ここでは，テレビ番組「サザエさん」の過去ジャンケンデータ（グー，チョキ，パー）を使って，次の手を予測し，勝利しようという作戦です．次のサイトには，サザエさんのグー，チョキ，パーの過去データがあります．

　http://www.asahi-net.or.jp/~tk7m-ari/sazae_ichiran.html

　このデータを使って，グー，チョキ，パーのマルコフ過程の推移確率を求め，確率的に次の手を決めようとする作戦です．
　1つ前の手から次の手を予測したり，前々回と前回の手から次の手を予測します．

　　第 1 回　　　91.10.20 グー
　　第 2 回　　　91.10.27 チョキ
　　…
　　第 1219 回　15.03.08 パー

第 1220 回　15.03.15　グー

まずは，sazae_ichiran.html で表示されたジャンケンデータを，コピー／ペーストしてファイル sazae.txt に入力します。

プログラムを**ソースコード 4.2** に示します．

```
$ wget $take/markov.py
```

▼ソースコード 4.2　サザエさんのジャンケン（markov.py）

```
# -*- coding: utf-8 -*-
import numpy as np
f=open('sazae.txt','r')
lines=f.readlines()
out=open('janken.txt','w')
for i in lines:
 if len(i)>1: out.write(i.split()[2])
out.close()
f=open('janken.txt','r')
lines=f.readlines()
g='グー'
c='チョキ'
p='パー'
m=np.array([g,c,p])
def op1(x):
 for i in x:
  for j in lines:
    print i,'=',j.count(i)
def op2(x,y):
 for i in x:
  for j in y:
   for k in lines:
    print i+j,'=',k.count(i+j)
def op3(x,y,z):
 for i in x:
  for j in y:
   for k in z:
    for l in lines:
     print i+j+k,'=',l.count(i+j+k)
op1(m)
op2(m,m)
op3(m,m,m)
```

sazae.txt にはブランクラインが含まれるので，次の 6 行でブランクラインを削り，janken.txt ファイルを生成します．

```
f=open('sazae.txt','r')
```

```
lines=f.readlines()
out=open('janken.txt','w')
for i in lines:
  if len(i)>1: out.write(i.split()[2])
out.close()
```

次に，ジャンケンだけを抜き出し行列に代入します．グー，チョキ，パーの出る確率，グーグー，グーチョキ，グーパー，チョキグー，チョキチョキ，チョキパー，パーグー，パーチョキ，パーパー，それぞれの遷移確率などを簡単に求める方法を紹介します．

すべての組み合わせを発生するために，次のような関数を使います．

```
def op1(x):
  for i in x:
    for j in lines:
      print i,'=',j.count(i)
```

i には順番に x の要素がすべて入り，そのたびにすべてのジャンケンデータ lines を検索し，j.count(i) 関数は i 文字列の頻度を出力します．チョキの頻度が一番高いようです．count(i) 関数は，便利な関数で，テキスト処理には役立ちます．

```
グー   = 379(0.321)
チョキ = 409(0.347)
パー   = 392(0.332)
```

同様に，op2(x,y) は 2 つの連続ジャンケンのすべての組み合わせの頻度を出力します．過去のデータを使うと，グーの後にはチョキの頻度が高いようです（確率：0.426）．グーパーが 2 番目，グーグーは低い頻度になっています．

```
def op2(x,y):
  for i in x:
    for j in y:
      for k in lines:
        print i+j,'=',k.count(i+j)
```

```
グーグー     = 76
グーチョキ   = 155
グーパー     = 133
チョキグー   = 151
チョキチョキ = 67
チョキパー   = 165
パーグー     = 135
パーチョキ   = 167
パーパー     = 75
```

op3(x,y,z) は，3連続のジャンケンのすべての組み合わせの頻度を出力します．前々回がパーで，前回がグーなので，確率的には，チョキ（0.564），グー（0.24），パー（0.195）なので，やはりチョキを予測します．

```
パーグーグー   = 32
パーグーチョキ = 75
パーグーパー   = 26
```

4.3 statsmodels と scikit-learn を使った重回帰分析

Python ライブラリ statsmodels を，次のコマンドで探してみます[8]．

```
# apt-cache search statsmodels
python-statsmodels
```

Python ライブラリ statsmodels を発見できたので，次のコマンドで，インストールします．

```
# apt-get install python-statsmodels
```

4.3.1　statesmodels の OLS モデルを用いた重回帰分析

Python の statsmodels ライブラリの OLS（Ordinary Least Squares）モデルを使って，重回帰分析を行います．次のサイトから ice.zip をダウンロードし解凍し，ice.csv ファイルを入手します．

http://xica-inc.com/adelie/sample/data/ice.zip

ice.csv のデータを使って，最高気温や店前の通行人数が，アイスクリームの売り上げにどのような影響を与えるのか重回帰分析します．

ice.csv ファイルの先頭の「日付」を「date」，「アイスクリームの売上」を「ice」，「最高気温」を「temp」，「通行人数」を「street」に書き換えます[9]．したがって，31 日分のデータ ice．

---

[8] Cygwin では http://www.lfd.uci.edu/~gohlke/pythonlibs/ で検索してください．
[9] ダウンロードした ice.csv の改行コードが「CR（Macintosh）」になっているかもしれません．その場合は，ファイル先頭行を書き換えて保存する際に，改行コードを「CR+LF（Windows）」もしくは「LF（Linux）」に変更してください．なお，Cygwin で実行する場合，ファイルの修正は，改行コードを変更できる Windows アプリケーションのエディタでもかまいません．

csvは，次のようなデータ構造になります．

```
$ cat ice.csv
date,ice,temp,street
2012/8/1,12220,26,4540
2012/8/2,15330,32,5250
…
2012/8/31,11160,27,4410
```

date，ice，temp，streetは，それぞれ日時，アイスの売り上げ，最高気温，通行人数を表すので，ここでの重回帰式は次のように表現できます．

```
ice=a1*temp+a2*street+const
```

つまり，これらの係数（coef：const，a1，a2）を求め，式の妥当性，説明変数（最高気温や通行人数）の t 値とモデル決定係数を計算すればよいわけです．

プログラムは，次のコマンドでダウンロードしてください．

```
$ wget $take/reg.py
```

reg.pyは重回帰分析のPythonプログラムです．reg.pyをソースコード4.3に示します．

▼ソースコード4.3　statsmodelsを使った重回帰分析プログラム（reg.py）

```python
import pandas as pd
import numpy as np
import statsmodels.api as sm
import matplotlib.pyplot as plt
data=pd.read_csv('ice.csv')
x=data[['temp','street']]
x=sm.add_constant(x)
y=data['ice']
est=sm.OLS(y,x).fit()
print est.summary()
```

一般に，t 検定の t 値が2以上あるいは -2 以下の場合，有意水準5％を満たすので，確率が5％以下となり，偶然とは考えにくいことになります．また，決定係数（R-squared）が100％に近いほどモデルは妥当だと言えます．

```
$ python reg.py
```

実行結果を表4.1に示します．決定係数（R-squared）は45％になり，提案したモデルは

微妙であると言えます．また，説明変数の係数は a1=176.1438，a2=1.3104 となり，t 値は通行人数では 2 以上であり有意であると考えられますが，最高気温に関しては有意であるとは言えません．このモデルでは，a1 の係数から，温度が 1℃ 上がると 176 円売り上げが上がり，通行人が 1 人増えると 1.3 円売り上げに貢献します．

表 4.1 reg.py の実行結果

```
R-squared: 0.450
                 coef      std err          t        P>|t|      [95.0% Conf. Int.]
--------------------------------------------------------------------------------
const        794.1355     4699.350      0.169        0.867    -8832.046    1.04e+04
temp         176.1438      145.863      1.208        0.237     -122.643     474.930
street         1.3104        0.283      4.626        0.000        0.730       1.891
================================================================================
```

reg.py にプロット表示機能を加えたプログラム reg_gui.py をソースコード 4.4 に示します．

```
$ wget $take/reg_gui.py
$ python reg_gui.py
```

▼ソースコード 4.4　reg.py にプロット表示機能を追加（reg_gui.py）

```
from math import *
import pandas as pd
import numpy as np
import statsmodels.api as sm
import matplotlib.pyplot as plt
import re,os
data=pd.read_csv('ice.csv')
x=data[['temp','street']]
x=sm.add_constant(x)
y=data['ice']
est=sm.OLS(y,x).fit()
t=np.arange(0.0,31.0)
const,tem,st=est.params
ax = plt.subplot(111)
ax.text(0.0,0.9,'coef:temp,  street, R-squared', \
    transform=ax.transAxes,fontsize=15)
ax.text(0.08,0.8,str('%.2f'%tem)+', '+str('%.2f'%st)+', \
    '+str('%.3f'%est.rsquared),transform=ax.transAxes,fontsize=15)
plt.plot(t,data['ice'],'--',t, \
    tem*data['temp']+st*data['street']+const,'-')
plt.show())
```

実行結果を図 4.6 に示します．図 4.6 では，細破線は実際の売り上げ，実線は予測値です．

図 4.6 reg_gui.py の重回帰結果

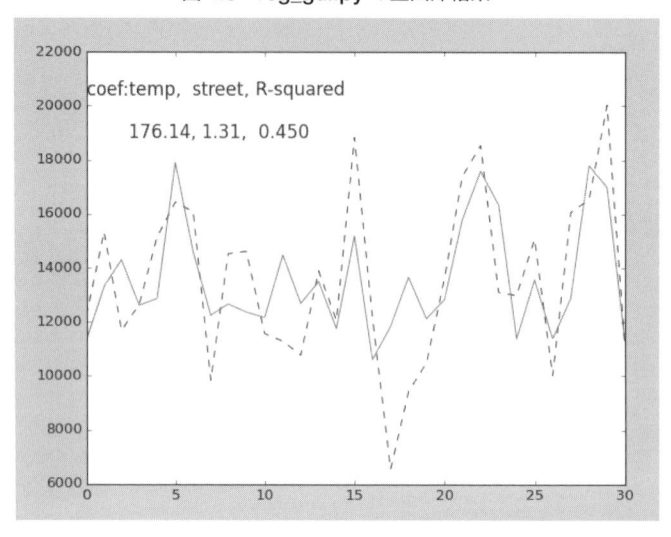

4.3.2　statesmodels の RLM モデルを用いた重回帰分析

重回帰分析で，Robust Linear Model（RLM）を使う場合は，ソースコード 4.5 のプログラムになります．変更したところは OLS モデルから RLM モデルに変更したところだけです．

```
$ wget $take/rlm.py
$ python rlm.py
```

▼ソースコード 4.5　Robust-linear-model を用いた重回帰プログラム（rlm.py）

```
import pandas as pd
import numpy as np
import statsmodels.api as sm
import matplotlib.pyplot as plt
data=pd.read_csv('ice.csv')
x=data[['temp','street']]
y=data['ice']
est=sm.RLM(y,x,M=sm.robust.norms.HuberT()).fit()
t=np.arange(0.0,31.0)
print est.summary()
tem,st=est.params
ax = plt.subplot(111)
plt.plot(t,data['ice'],'--',t, \
  tem*data['temp']+st*data['street'],'-')
plt.show()
```

4.3.3　scikit-learn の Lasso モデルを用いた重回帰分析

重回帰分析で，scikit-learn の Lasso 回帰を利用する場合は，ソースコード 4.6 に示すプログラム lasso.py になります．決定係数（R-squared）は 45％になります．

```
$ wget $take/lasso.py
```

▼ソースコード 4.6　Lasso 重回帰を用いた（lasso.py）

```
import pandas as pd
import numpy as np
import statsmodels.api as sm
from sklearn import linear_model
import matplotlib.pyplot as plt
data=pd.read_csv('ice.csv')
x=data[['temp','street']]
x=sm.add_constant(x)
y=data['ice']
clf=linear_model.Lasso()
clf.fit(x,y)
p=clf.predict(x)
print clf.coef_
print clf.score(x,y)
t=np.arange(0.0,31.0)
ax = plt.subplot(111)
plt.plot(t,data['ice'],'--',t,p,'-')
plt.show()
```

4.3.4　scikit-learn の AdaBoost と DecisionTree モデルを用いた重回帰分析

流行のアンサンブル学習を用いた重回帰（AdaBoost と DecisionTree）の分析例をソースコード 4.7 に示します．4.3.1 項から 4.3.3 項の OLS，RLM，Lasso モデルに比べて，アンサンブル学習を用いた場合，重回帰分析の予測精度は格段に向上します．

DecisionTree の決定係数（R-squared）は 76.6％，AdaBoost では 95.85％になります．アンサンブル学習の性能が明らかになりました．

```
$ wget $take/adaboost.py
```

▼ソースコード 4.7　AdaBoost と DecisionTree の重回帰（adaboost.py）

```
import pandas as pd
import numpy as np
import statsmodels.api as sm
from sklearn.tree import DecisionTreeRegressor
```

```
from sklearn.ensemble import AdaBoostRegressor
import matplotlib.pyplot as plt
data=pd.read_csv('ice.csv')
x=data[['temp','street']]
y=data['ice']
rng=np.random.RandomState(1)
clf1=DecisionTreeRegressor(max_depth=4)
clf2=AdaBoostRegressor(DecisionTreeRegressor(max_depth=4), \
  n_estimators=300,random_tate=rng)
clf1.fit(x,y)
clf2.fit(x,y)
p1=clf1.predict(x)
p2=clf2.predict(x)
print clf1.score(x,y)
print clf2.score(x,y)
t=np.arange(0.0,31.0)
plt.plot(t,data['ice'],'--b')
plt.plot(t,p1,':b')
plt.plot(t,p2,'-b')
plt.legend(('real','dtree','adaB'))
plt.show()
```

```
$ python adaboost.py
```

の実行結果を図4.7に示します．plt.plotのプロット線は，'-'は実線，'--'は破線，'-.'は一点破線，':'は細破線になります．結果は，DecisionTree（実線）よりも，AdaBoost（破線）が良い予測をしています．

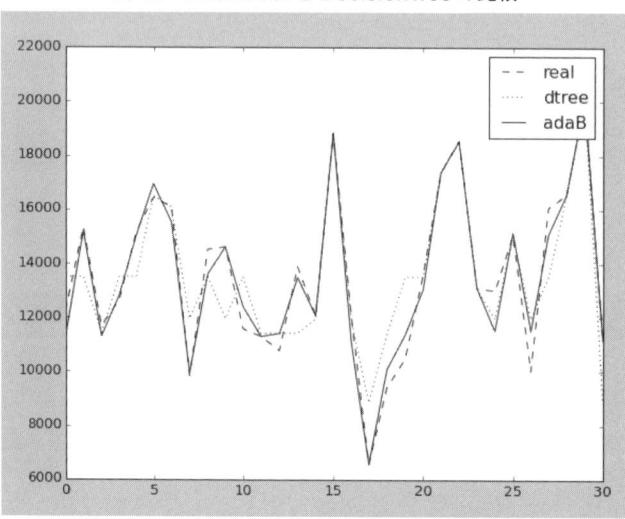

図4.7 AdaBoostとDecisionTreeの比較

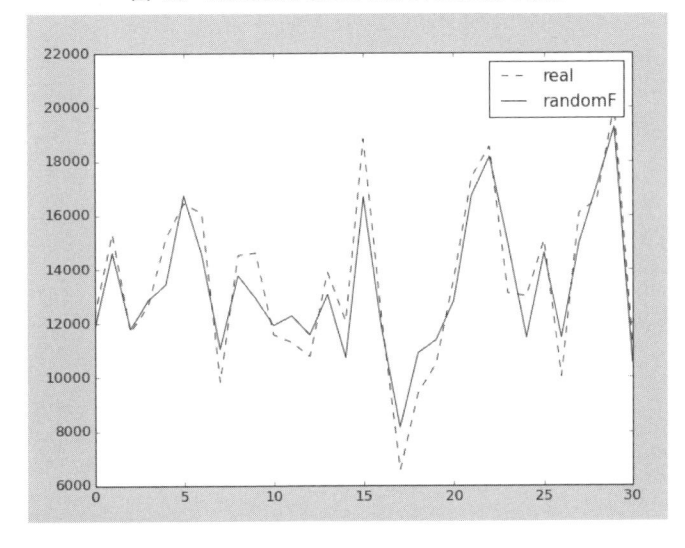

4.3.5 scikit-learn の RandomForest モデルを用いた重回帰分析

ここでは，RandomForest のアンサンブル学習を用いた重回帰分析例をソースコード 4.8 に示します．その実行結果を図 4.8 に示します．アンサンブル学習の決定係数（R-squared）は 85.8%になります．

```
$ wget $take/randomforest.py
```

▼ソースコード 4.8　RandomForest を使った重回帰の例（randomforest.py）

```
import pandas as pd
import numpy as np
import statsmodels.api as sm
from sklearn.ensemble import RandomForestRegressor
import matplotlib.pyplot as plt
data=pd.read_csv('ice.csv')
x=data[['temp','street']]
y=data['ice']
clf=RandomForestRegressor(n_estimators=150, min_samples_split=1)
clf.fit(x,y)
print clf.score(x,y)
p=clf.predict(x)
t=np.arange(0.0,31.0)
plt.plot(t,data['ice'],'--b')
plt.plot(t,p,'-b')
plt.legend(('real','randomF'))
plt.show()
```

図 4.8　RandomForest を使った重回帰の結果

4.3.6　scikit-learn のその他のアンサンブル学習モデルを用いた重回帰分析

　その他，Bagging と呼ばれるアンサンブル学習や，Extremely Randomized Trees，GradientBoosting と呼ばれるアンサンブル学習モデルがあります．次のようにプログラムすれば，アンサンブル学習モデルが簡単に利用できます．ここでは，学習された分類器 clf は，次のように表現できます．

Bagging モデルのプログラム（regressor）

```
from sklearn.ensemble import BaggingRegressor
from sklearn.neighbors import KNeighborsRegressor
clf= BaggingRegressor(KNeighborsRegressor(),max_samples=0.5, \
  max_features=0.5)
```

Bagging モデルのプログラム（classifier）

```
from sklearn.ensemble import BaggingClassifier
from sklearn.neighbors import KNeighborsClassifier
clf= BaggingClassifier(KNeighborsClassifier(),max_samples=0.5, \
  max_features=0.5)
```

Extremely Randomized Trees モデルのプログラム（regressor）

```
from sklearn.ensemble import ExtraTreesRegressor
clf = ExtraTreesRegressor(n_estimators=10, max_depth=None, \
  min_samples_split=1,random_state=0)
```

Extremely Randomized Trees モデルのプログラム（classifier）

```
from sklearn.ensemble import ExtraTreesClassifier
clf = ExtraTreesClassifier(n_estimators=100, max_depth=None, \
  min_samples_split=1,random_state=0)
```

GradientBoosting モデルのプログラム（regressor）

```
from sklearn.ensemble import GradientBoostingRegressor
clf = GradientBoostingRegressor(n_estimators=100, \
  learning_rate=1.0,max_depth=1,random_state=0)
```

GradientBoosting モデルのプログラム（classifier）

```
from sklearn.ensemble import GradientBoostingClassifier
clf = GradientBoostingClassifier(n_estimators=100, \
  learning_rate=1.0,max_depth=1,random_state=0)
```

　この Chaper でのチャンピオンモデルは，アンサンブル学習の中でも，Extremely Randomized Trees でした．その結果を**図 4.9** に示します．決定係数は，96.8％でした．

図 4.9　Extremely Randomized Trees の結果

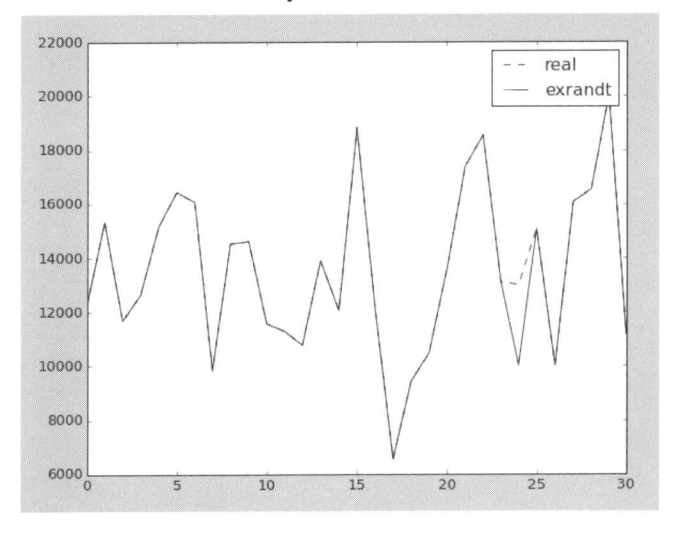

4.4 Neural Network Deep Learning

　ニューラルネットワークを使った機械学習は，処理速度の点で，飛躍的に進歩しました．昔は，高速処理のために C 言語でプログラムを書いていましたが，今は，さまざまなパッケージがあり，Python で簡単に実験ができます．その中でも，高速に実行できるパッケージを，紹介します．

　数年前に，人間と同等の，手書き数字認識が完成しました．誤認識が 0.23 ％という驚異的なシステムです（**表 4.2**）.

　NIST（アメリカ国立標準技術研究所）が作った手書き数字のベンチマークデータ（6 万の学習用イメージデータと 1 万のテスト用データがあります）を使ってアルゴリズムの良し悪しを競い合います．

　次のサイトから，`master.zip` ファイルをダウンロードし解凍します．

```
https://github.com/mnielsen/neural-networks-and-deep-learning/archive/master.zip
```

表 4.2 手書き数字認識アルゴリズムの比較
(http://en.wikipedia.org/wiki/MNIST_database より)

Type	Classifier	Preprocessing	Error rate (%)
Linear classifier	Pairwise linear classifier	Deskewing	7.6
K-Nearest Neighbors	K-NN with non-linear deformation (P2DHMDM)	Shiftable edges	0.52
Boosted Stumps	Product of stumps on Haar features	Haar features	0.87
Non-Linear Classifier	40 PCA + quadratic classifier	None	3.3
Support vector machine	Virtual SVM, deg-9 poly, 2-pixel jittered	Deskewing	0.56
Neural network	6-layer NN 784-2500-2000-1500-1000-500-10 (on GPU), with elastic distortions	None	0.35
Convolutional neural network	Committee of 35 conv. net, 1-20-P-40-P-150-10, with elastic distortions	Width normalizations	0.23

```
$ unzip master.zip
$ cd neural-networks-and-deep-learning-master/src
$ wget $take/ytNN.tar
$ tar xvf ytNN.tar
$ mv ytNN/* .
```

次の5つのファイルを加えました.

digitNN.py, digitNN2.py, digitNN3.py, resize.py, new.png

▼ソースコード 4.9　digitNN.py

```python
import gzip,sys,os
import mnist_loader
trd,vd,td=mnist_loader.load_data_wrapper()
import network
net=network.Network([784,30,10])
print "start supervised learning..."
net.SGD(trd,3,10,3.0,test_data=td)
import cPickle
if len(sys.argv)==1:
        i=0
else:
        i=sys.argv[1]
x,y=trd[int(i)]
print network.np.argmax(net.feedforward(x))
import matplotlib.cm as cm
import matplotlib.pyplot as plt
plt.imshow(x.reshape((28,28)),cmap=cm.Greys_r)
plt.show()
os._exit(0)
```

digitNN.pyのプログラム中の,

```
trd,vd,td=mnist_loader.load_data_wrapper()
```

は, NISTのベンチマークデータをダウンロードし, 3つの変数, trd（5万個の学習データ）, vd（1万個のデータ）, td（1万個のテストデータ）に代入します.

また,

```
net=network.Network([784,30,10])
```

は, フィードフォワードニューラルネットの大きさを指定しています. 入力層は784のニューロン個, 中間層には30個のニューロン, 出力層には10個のニューロンを用意します. 入力層の784個のニューロンは, 28×28〔ピクセル〕$= 784$のイメージを認識します. 出力層の10個のニューロンは0から9の10個の数字を識別するためです.

また,

```
net.SGD(trd,3,10,3.0,test_data=td)
```

は, 確率的勾配降下法（stochastic gradient descent method）, 2番目の引数3はepoch回数, 3番目の引数10は1回のepochでの学習回数, 4番目の引数3.0は学習係数です. 画面には, テスト用も文字データ1万個のうち, 何個のデータが認識に成功したかを表示します.

使い方は, 次のコマンドを実行します.

```
$ python digitNN.py 54
start supervised learning...
Epoch 0: 9102 / 10000
```

54は, 学習文字の54番目のデータをニューラルネットワークに入力し, 認識結果を確認します. また,

```
plt.imshow(x.reshape((28,28)),cmap=cm.Greys_r)
```

は, その文字のイメージを画面に表示します（図4.10）.

ソースコード4.10に示すdigitNN2.pyを使って, 自分の作ったイメージをテストできます. 28×28のイメージファイルを作らないといけないので, まず, グラフィックツールで手書き文字の画像ファイルを作ります. そのファイル名がtest.pngだとすると, 自動的に, 28×28のファイルが生成されます. この場合は, test.pngが入力ファイル, new.pngが出力ファイルになります.

図 4.10 「python digitNN.py 54」の実行結果

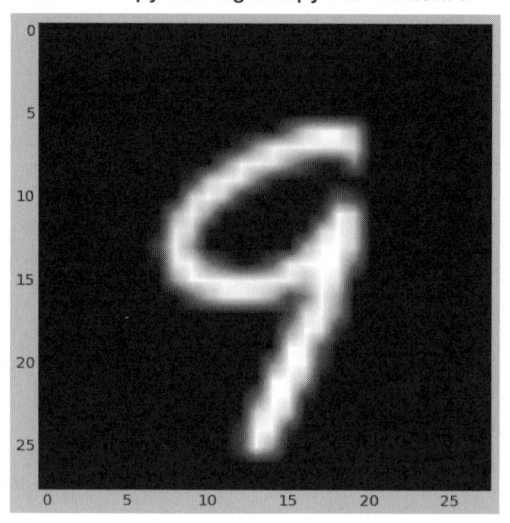

▼ソースコード 4.10　digitNN2.py

```
import gzip,sys,os
import mnist_loader
trd,vd,td=mnist_loader.load_data_wrapper()
import network
net=network.Network([784,30,10])
print "start supervised learning..."
net.SGD(trd,3,10,3.0,test_data=td)
import cPickle
import matplotlib.pyplot as plt
import matplotlib.image as mpimg
import numpy as np
img=mpimg.imread('new.png')
im=img[:,:,0]
a=im.ravel()
stack=[]
for i in range(784):
        stack.append([a[i]])
print network.np.argmax(net.feedforward(stack))
import matplotlib.cm as cm
import matplotlib.pyplot as plt
plt.imshow(a.reshape((28,28)),cmap=cm.Greys_r)
plt.show()
os._exit(0)
```

イメージファイル test.png を 28 × 28 のイメージファイル new.png に変換するには，次のコマンドを実行します．

4.4 Neural Network Deep Learning

```
$ python resize.py test.png new.png
$ python -i digitNN2.py
start supervised learning...
Epoch 0: 9065 / 10000
Epoch 1: 9226 / 10000
Epoch 2: 9353 / 10000
2
```

まずニューラルネットワークは学習を開始し，終了したら，new.pngを入力データとし，学習したニューラルネットワークに与え，数字を判定させ，その結果を出力します（**図 4.11**）。

図 4.11　digitNN2.py の実行結果

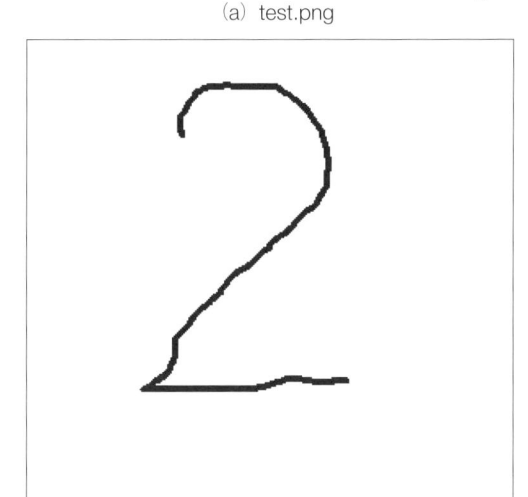

(a) test.png 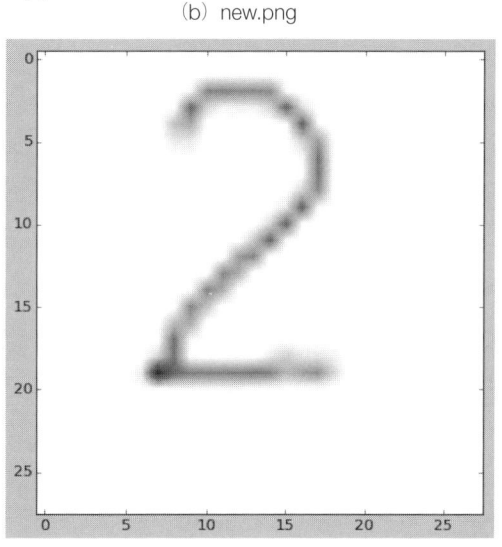　　　　　　　　　　　　(b) new.png

digitNN3.pyは学習途中のニューラルネットワークのパラメータを保存したり，学習したネットワークをリロードできます（**ソースコード 4.11**）。netSGD(trd, epoch, mini_batch,...)関数では，1 epochの学習回数はmini_batch回数になります。

```
$ python -i digitNN3.py
enter No. of neurons in hidden layer:
54
start supervised learning...
Epoch 0 training complete
Accuracy on evaluation data: 9539 / 10000
...
Epoch 2 training complete
Accuracy on evaluation data: 9639 / 10000
```

```
q:quit c:continue s:save L:load e:epoch
q
$
```

▼ソースコード 4.11　digitNN3.py

```python
import mnist_loader
trd,vd,td=mnist_loader.load_data_wrapper()
import network2,os
hidden=raw_input('enter No. of neurons in hidden layer: \n')
net=network2.Network([784,int(hidden),10])
print "start supervised learning..."
net.SGD(trd,3,10,0.5,lmbda=1.0,evaluation_data=vd,
       monitor_evaluation_accuracy=True)
while 1:
 q=raw_input('q:quit c:continue s:save L:load e:epoch\n')
 if q=='q':os._exit(0)
 elif q=='c':
  print 'continue...'
  net.SGD(trd,3,10,0.5,lmbda=1.0,evaluation_data = vd,
         monitor_evaluation_accuracy = True)
 elif q=='s':
  print 'file saved'
  net.save('saved')
 elif q=='L':
  print 'file loaded'
  net=network2.load('saved')
 elif q=='e':
  ep=raw_input('enter epoch number: \n')
  print 'epoch changed'
  print 'restart supervised learning...'
  net.SGD(trd, int(ep), 10, 0.5, lmbda=1.0,
     evaluation_data=vd, monitor_evaluation_accuracy=True)
 else:q=raw_input('q:quit c:continue s:save L:load\n')
```

Chapter 5
Pythonを使った画像処理（OpenCV）

OpenCV は，Google の自動運転の画像処理に使われています．ここでは，カメラを使ったセンサーの作り方を紹介します．

Windows で Python の OpenCV ライブラリをインストールするには，Cygwin で次のサイトからファイル opencv_xxx.whl をダウンロードし，pip コマンドでインストールします．

http://www.lfd.uci.edu/~gohlke/pythonlibs/#statsmodels

```
$ pip install opencv_xxx.whl
```

Linux では次のコマンドです．

```
# apt-get install python-opencv
```

5.1 OpenCV を使った基本プログラム

Windows で，カメラの基本プログラム cam0.py をダウンロードします．cam0.py をソースコード 5.1 に示します．

```
$ wget $take/cam0.py
```

Chapter 5　Python を使った画像処理（OpenCV）

▼ソースコード 5.1　cam0.py

```
import cv2,os
import numpy as np
from time import sleep
c= cv2.VideoCapture(0)
sleep(3)
out=cv2.VideoWriter("a.avi",cv2.cv.CV_FOURCC(*'XVID'),20, \
    (640,480))
while(1):
 r,img = c.read()
 cv2.putText(img,str(c.get(3))+''+str(c.get(4)),(40,40), \
    cv2.FONT_HERSHEY_COMPLEX_SMALL,1,(0,255,0),thickness=1)
 cv2.imshow("input",img)
 k = cv2.waitKey(50)
 out.write(img)
 if k == 32:
  cv2.imwrite('a.png',img)
  out.release()
 if k == 27:
  os._exit(0)
 c.release()
 cv2.destroyAllWindows()
```

　カメラ付きの Windows で次のコマンドを実行すると，画面が表示されます．画面には，カメラの画像の縦・横の大きさもスーパーインポーズされています．

```
$ python -i cam0.py
```

　スペースキーで，写真を撮ります（ファイル a.png を生成）．cv2.imwrite() がその写真を撮る関数です．「Esc」キーで終了します．cv2.waitKey() 関数で，キーボードのキーを読み込みます．
　cv2 が OpenCV のライブラリです．c=cv2.VideoCapture(0) で，ビデオキャプチャを設定します．複数のカメラがある場合は，番号 0 を変更します．
　r,img=c.read() で，変数 img にビデオを取り込みます．cv2.putText() 関数で，画面にテキストをスーパーインポーズします．cv2.imshow() でビデオ画面をパソコンに表示します．
　cv2.VideoWriter() 関数と out.write() 関数で，キャプチャビデオ a.avi と静止画 a.png を保存します．
　color.py を紹介します（ソースコード 5.2）．color.py は BGR (blue, green, red) を HSV (Hue Saturation Value) モードに変換します．この例では，緑色，青色，赤色を HSV に変換しています．

5.1 OpenCVを使った基本プログラム

```
$ wget $take/color.py
```

▼ソースコード 5.2　color.py

```
import cv2,os
import numpy as np
green=np.uint8([[[0,255,0]]])
hsv_green=cv2.cvtColor(green,cv2.COLOR_BGR2HSV)
print 'green=',hsv_green
blue=np.uint8([[[255,0,0]]])
hsv_blue=cv2.cvtColor(blue,cv2.COLOR_BGR2HSV)
print 'blue=',hsv_blue
red=np.uint8([[[0,0,255]]])
hsv_red=cv2.cvtColor(red,cv2.COLOR_BGR2HSV)
print 'red=',hsv_red
os._exit(0)
```

このHSVを使って，青色だけを抜き出すプログラム（青色maskとカラーframeとのANDビット演算）cam1.pyを，ソースコード 5.3 に示します．その他に，グレースケール変換の例も示します．カメラに向かって，青色の物をかざすとその部分だけが表示されます．終了するにはターミナルで「Ctrl+c」を押します．

```
$ wget $take/cam1.py
```

▼ソースコード 5.3　cam1.py

```
import numpy as np
import cv2,os
from time import sleep
c = cv2.VideoCapture(0)
sleep(3)
#history, nmixtures, backgroundRatio, noiseSigma, learning_rate
bgsub=cv2.BackgroundSubtractorMOG(0,0,0,0)
while(1):
        ret, frame = c.read()
        gray = cv2.cvtColor(frame, cv2.COLOR_BGR2GRAY)
        hsv = cv2.cvtColor(frame, cv2.COLOR_BGR2HSV)
    # define range of blue color in HSV
        lower_red = np.array([175, 50, 50], dtype=np.uint8)
        upper_red = np.array([180,255,255], dtype=np.uint8)
    # Threshold the HSV image to get only blue colors
        mask = cv2.inRange(hsv, lower_red, upper_red)
    # Bitwise-AND mask and original image
        res = cv2.bitwise_and(frame,frame, mask= mask)
        sub=bgsub.apply(frame)
        cv2.imshow('frame',frame)
```

```
            cv2.imshow('gray',gray)
            cv2.imshow('mask',mask)
            cv2.imshow('frame&mask',res)
            cv2.imshow('bgsub',sub)
            if cv2.waitKey(1) & 0xFF == ord('q'):
                    os._exit(0)
cap.release()
cv2.destroyAllWindows()
```

5.2 カメラを使った可視光通信

可視光通信プログラムを紹介します．ルービックキューブの色情報を受信するプロジェクトです．カメラの前でルービックキューブをかざすと，HSV情報が表示されます．
次のサイトの cubefinder.py を参考に，加工修正しました．

　https://gist.github.com/xamox/2402792

まず，ファイル cubefinder.py を次のコマンドでダウンロードします．

```
$ wget https://gist.githubusercontent.com/xamox/2402792/raw/21
92aeddc2e06ea2a9f97d424dc93413c0d17b3b/cubefinder.py
```

cubefinder.py を加工します．どのようにしてオープンソースプログラムを利用できるかに関しては，次のようにまとめました．

1. まず，とにかくターゲットのプログラムを動かしてみる．
2. 必要な情報を得るには，どのようにプログラムを動かせばよいか，いろいろ試す．
3. 2.で得た情報をもとに，オリジナルプログラムを加工する．

ここでは，実際にオリジナルプログラムを起動すると，2つのことが分かりました．1つは，スペースキーを入力すると，ルービックの9色をキャプチャし，画面表示します．また，「q」キーを入力すると，そのHSV情報を表示します．
スペースキー入力のところでは，変数 extract に True を代入しているだけです．また，「q」キー入力では，print hsvs を実行しています．結論としては，extract=True にして，空でない hsvs を表示することです．
単純に，print hsvs だけにすると，空の hsvs も表示しています．つまり，hsvs が空でないことを判定して，空でなければ，hsvs 情報を表示し終了するプログラムに変更しまし

た．光源が安定していれば，安定したhsvs情報を表示できるようです．

cubefinder.pyの変更箇所

713行目（「# processing depending on the character」の1つ前の行）から最終行の1つ前の行の間を3つのシングルクォート''' （コメント）で囲みます．

```
'''        ←713行目
# processing depending on the character
...
'''        ←最後の行の1つ前の行
cv.DestroyWindow( "Fig" )
```

713行目の次の行に次の4行を挿入します．

```
'''        ←713行目
    extract=True          ←追加する4行
    if len(hsvs[0])>0:    ←
        print hsvs        ←
        os._exit(0)       ←ここまで
# processing depending on the character
```

最初の3行目の後に「import os」を挿入し，その近くの「capture=...」の後に，sleep(3) を挿入します．

```
#!/usr/bin/python
import cv2.cv as cv
import sys        ←3行目
import os         ←追加
from random import uniform
...
capture = cv.CreateCameraCapture( 0 )
sleep(3)          ←追加
cv.NamedWindow( "Fig", 1 )
```

すべてのprintコマンドを#printに置き換えます．先ほどの挿入した「print hsvs」はそのままにします．

cubefinder.pyから加工したファイルcube.pyは，次からダウンロードできます．

```
$ wget $take/cube.py
```

安定した光源の下で，いろいろ実験してください．

```
$ python -i cube.py
[[(0.0, 0.0), (81.21527777777777, 9.972222222222221), (120.493
05555555556,152.04861111111111), (0.0, 0.0), (30.0, 231.597222
22222223), (41.895833333333336, 249.70833333333334), (117.2430
5555555556, 189.52777777777777), (119.13194444444444, 181.0694
4444444446), (0.0, 0.0)], [], [], [], [], []]
```

ルービックキューブの代わりに，カラー LED で試すと本格的な通信ができそうです．

5.3 物や人を数えてみよう

Chaper 1 の冒頭で 16 行の face.py プログラムを紹介しました．顔認識を機械学習したファイル face_cv2.xml を次のサイトからダウンロードしてください．

> https://raw.githubusercontent.com/sightmachine/SimpleCV/
> master/SimpleCV/Features/HaarCascades/face_cv2.xml

```
$ wget $take/face.py
```

テスト画像は，次のコマンドでダウンロードしてください．

```
$ wget http://www.awaji-info.com/seijin2006/seidan.JPG
```

次のコマンドを実行すると，detected.jpg ファイルを生成します．画面には，人数も表示します．他の人数の多い集合写真でも試してしてください．

```
$ python face.py seidan.JPG
148
```

重要なのは，学習された face_cv2.xml ファイルです．顔検出では，cascade.detectMultiScale() 関数の 2 つのパラメータ（1.0342, 6）が重要です．

face.py をソースコード 5.4 に示します．

▼ソースコード 5.4　face.py

```
import sys,cv2
def detect(path):
    img = cv2.imread(path)
    cascade = cv2.CascadeClassifier("face_cv2.xml")
```

```
        rects = cascade.detectMultiScale(img, 1.0342, 6, \
            cv2.cv.CV_HAAR_SCALE_IMAGE,(20,20))
        if len(rects) == 0:
            return [], img
        rects[:, 2:] += rects[:, :2]
        return rects, img
    def box(rects, img):
        for x1, y1, x2, y2 in rects:
          cv2.rectangle(img, (x1, y1), (x2, y2), (127, 255, 0), 2)
        cv2.imwrite('detected.jpg', img);
    rects, img = detect(str(sys.argv[1]))
    box(rects, img)
    print len(rects)
```

次に示す例 red_count.py は，赤の物体を数えて，数と位置情報を表示するプログラムです（**ソースコード 5.5**）．SciPy ライブラリが必要です．

```
$ wget $take/red_count.py
```

▼ソースコード 5.5　red_count.py

```
    import cv2
    import numpy as np
    from time import sleep
    from scipy import ndimage
    c=cv2.VideoCapture(0)
    sleep(3)
    cx_old=0
    cy_old=0
    while(1):
        _,frame = c.read()
        frame=cv2.flip(frame,1)
        frame = cv2.blur(frame,(7,7))
        hsv = cv2.cvtColor(frame,cv2.COLOR_BGR2HSV)
        thresh = cv2.inRange(hsv,np.array((-10, 180, 180)), \
            np.array((10, 255, 255)))
        thresh2 = thresh.copy()
        dnaf=ndimage.gaussian_filter(thresh,8)
        T=20
        label,nr_objects=ndimage.label(dnaf>T)
        contours,hierarchy = \
            cv2.findContours(thresh,cv2.RETR_LIST, \
                cv2.CHAIN_APPROX_SIMPLE)
        max_area = 0
        best_tri=0
        for tri in contours:
            area = cv2.contourArea(tri)
            if area > max_area:
```

```
                max_area = area
                best_tri = tri
        M = cv2.moments(best_tri)
        cx,cy = int(M['m10']/(M['m00']+0.0001)), \
                int(M['m01']/(M['m00']+0.0001))
    #cv2.line(frame,(cx,cy),(cx_old,cy_old),(0,255,0))
        cv2.circle(frame,(cx,cy),5,255,-1)
        cv2.putText(frame,str(cx)+' '+str(cy),(cx,cy), \
            cv2.FONT_HERSHEY_COMPLEX_SMALL,1,(255,255,0))

    cv2.putText(frame,str(nr_objects),(30,30), \
      cv2.FONT_HERSHEY_COMPLEX_SMALL,2,(255,25,0),thickness=2)
    cv2.imshow('thresh',thresh2)
    cv2.imshow('frame',frame)
    if cv2.waitKey(100)==27:
        cv2.imwrite('test.png',frame)
cv2.destroyAllWindows()
cap.release()
```

5.4 数独を解かせてみよう

次のサイトを参考に数独を自動的に解くPythonプログラムを作りました．このプログラムはUbuntuやDebian上で動作します．

https://github.com/abidrahmank/OpenCV2-Python/tree/master/OpenCV_Python_Blog/sudoku_v_0.0.6

カメラで数独の問題をキャプチャし，その画像を数独解決サーバに電子メールで画像を転送すると，自動的に，答えが返ってくる仕組みです．

crontabを使って，定期的にソースコード5.6に示すPythonプログラムsudoku_ans.pyを実行します．UbuntuやDebianでmailutilsをインストールしてから実行します．

sudoku_ans.pyは大きく分けて，電子メールで問題が送られてきているかどうかチェックするプログラムA部分，もし送られてきていない場合は終了します．問題が送られてきた場合は，プログラムB部分で，jpg画像をメールから抜き出します．

プログラムB部分は，Base64の変換部分だけを切り出してくるプログラムB1とBase64部分をデコードして画像に変換するプログラムB2からなります．

プログラムC部分では，数独問題を解いてファイルansに代入します．

プログラムD部分では，宛先（問題の送り先）を抜き出します．

プログラム E 部分では，電子メールで，宛先に解答ファイル ans を送信します．

▼ソースコード 5.6　sudoku_ans.py

```
# A-part
import os,re,commands
import base64
import pexpect,os
p=pexpect.spawn('mail')
i=p.expect(['No mail','&'])
if i==0:
 p.kill(0)
 os._exit(0)
elif i==1:
 p.sendline('s /tmp/text.txt')
 p.expect('&')
 p.sendline('q')
f=open('/tmp/text.txt','r')
# B-part
j=0
for i in f:
 m=re.search("base64",i)
 if m:
  break
 j=j+1
f=open('/tmp/text.txt','r')
d=f.readlines()
del d[len(d)-2:len(d)]
del d[0:j+3]
f=open('/tmp/t.zip','w')
f.writelines(d)
f.close()
f=open('/tmp/t.zip','r')
d=f.read()
fig=base64.b64decode(d)
f=open('/tmp/test.jpg','w')
f.write(fig)
f.close()
# C-part
p=commands.getoutput('cd ~/sudoku;python -i ./sudoku.py')
print p
f=open('ans','w')
f.writelines(p)
f.close()
# D-part
f=open('/tmp/text.txt','r')
lines=f.readlines()
for i in lines:
 m=re.search('From',i)
 if m:
  p=i
```

```
    break
t=p.split(' ')[1]
# E-part
cmd='echo|mutt -a ans -- '+t
commands.getoutput(cmd)
commands.getoutput('rm ans /tmp/text.txt /tmp/t.zip \
    /tmp/test.jpg')
os._exit(0)
```

プログラムA部分では，pexpect機能を用いました．電子メールシステム（コマンドラインmail）と会話しながら，新しい電子メールが届いているかどうか調べます．i=p.expect(['No mail','&'])では，メールが届いていなければ，'No mail'の返事が返ってきます．メールが届いていれば，'&'が表示されます．

p.sendline('s /tmp/text.txt')で，メールメッセージ全体を/tmp/text.txtに保存します．

プログラムB部分では，m=re.search("base64",i)によって，メールメッセージの中のbase64が現れるのが何行目か調べます．変数jに行番号が代入されます．メールメッセージでは，後ろから不必要な行を削ります．また，抜き出したbase64のファイルを/tmp/t.zipに保存します．Debianでは，下の設定で問題ないのですが，Ubuntuでは，-2を-4に，+3を+4に変更してください．mailシステムによっても，若干変わってくるので，調整してください．基本的には，base64のファイルを切り出しているだけです．

```
del d[len(d)-2:len(d)]
del d[0:j+3]
```

プログラムC部分では，sudoku.pyを使って問題を解きます．解答ファイルansに結果を書き込みます．

プログラムD部分では，re.search(pattern,string)関数とsplit()関数を使って，送り先を抜き出します．

最後に，プログラムE部分では，電子メールコマンドmuttで解答（ansファイル）を宛先にメール送信します．また，使ったファイル（ans, /tmp/text.txt, /tmp/test.jpg, /tmp/t.zip）はすべて削除します．

NTTぷららの場合，/etc/postfix/main.cfの設定で重要な部分は，次の4行です．

```
myhostname = localhost
myorigin = /etc/hostname    ←#/etc/hostnameとmyhostnameは同じにする
mydestination =自分のサーバのドメイン名, localhost.localdomain, localhost
relayhost = [mmr.plala.or.jp]    ←著者の場合は，sea.mail.plala.or.jp
```

サーバドメインの設定の仕方は，6.1 節の freeDNS を使った無料のダイナミック DNS で詳しく説明します．

すべての必要なファイルは，次からダウンロードできます．Ubuntu や Debian で実行します．

```
$ wget $take/sudoku.tar
$ tar xvf sudoku.tar
```

5.5 不思議な色を分析してみよう

人によっては，金色と白色のドレスに見えたり，黒色と青色に見える不思議なドレスが話題になっています．専門家がいろいろな「うんちく」を語っていますが，本当かどうか調べてみましょう．次のサイトに話題のドレスの写真があります．ダウンロードしたファイルを dress.jpg にリネームしてコマンドを実行します．

http://www.independent.co.uk/incoming/article10074238.ece/alternates/w460/TheDress3.jpg

解析に必要なプログラムを準備しました．ソースコード 5.7 に Python プログラム hue.py を示します．

```
$ wget $take/hue.py
```

▼ソースコード 5.7　hue.py

```
import cv2,os
import numpy as np
from matplotlib import pyplot as plt
img = cv2.imread('dress.jpg')
hsv = cv2.cvtColor(img,cv2.COLOR_BGR2HSV)
hue=hsv.flatten()
h=s=b=[]
for i in range(len(hue)/3):
  h.append(hue[i*3])
  s.append(hue[i*3+1])
  b.append(hue[i*3+2])
plt.subplot(1,3,1)
plt.hist(h,bins=256,range=(0.0,256.0),histtype='stepfilled', \
    color='r', label='Hue')
plt.subplot(1,3,2)
plt.hist(s,bins=256,range=(0.0,256.0),histtype='stepfilled', \
    color='r',label='saturation')
```

```
    plt.subplot(1,3,3)
    plt.hist(b,bins=256,range=(0.0,256.0),histtype='stepfilled', \
        color='r',label='brightness')
cv2.imshow("dress",img)
plt.show()
os._exit(0)
```

「青黒派」と「白金派」に分かれますが，分析した結果を図 5.1 に示します．

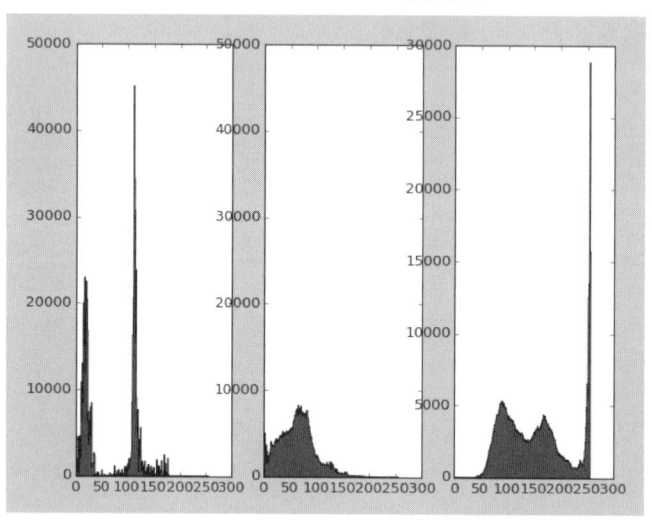

図 5.1　不思議なドレスの分析結果

図 5.1 の左の図は hue（色相），中間の図は saturation（色あざやかさの程度：彩度），右の図は brightness（輝度）です．それぞれの縦軸は強さを表します．

左の hue のスペクトラムが示すように黄色（金色に見える）と大きな青色スペクトラムが際立っています．また，右の輝度グラフで，最高輝度（255）に達している箇所があります．

つまり，輝度に敏感な人は，青色も白く輝いて見えます．黒く見える部分には，黄色成分が含まれています．輝度に敏感でないと，黒色に見えますが，黄色の成分は金色に見えます．

青色（白色）に見える部分の分析結果を図 5.2 に示します．また，黒色（金色）に見える部分の分析結果を図 5.3 に示します．

実は，同じものを見ても，人は目からの情報を脳で解釈します．全員が違う脳を持っているので，実は，全員が違うように見えているのです．脳科学は，現在，注目されていますが，ほとんど分からないことだらけの研究分野です．

5.5 不思議な色を分析してみよう

図 5.2 青色（白色）に見える部分の分析結果

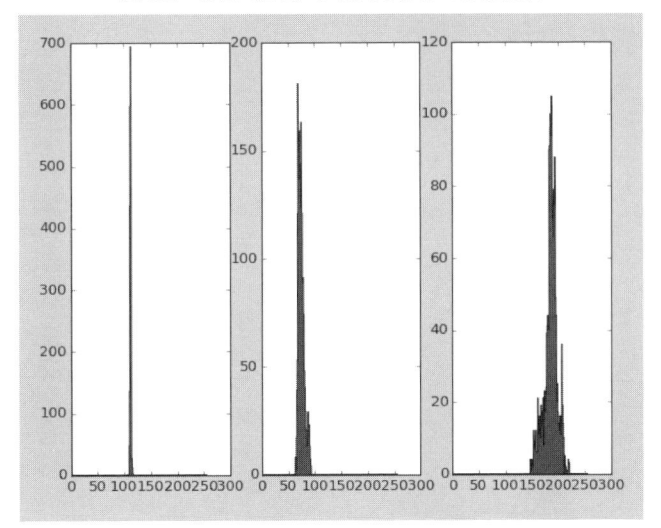

図 5.3 黒色（金色）に見える部分の分析結果

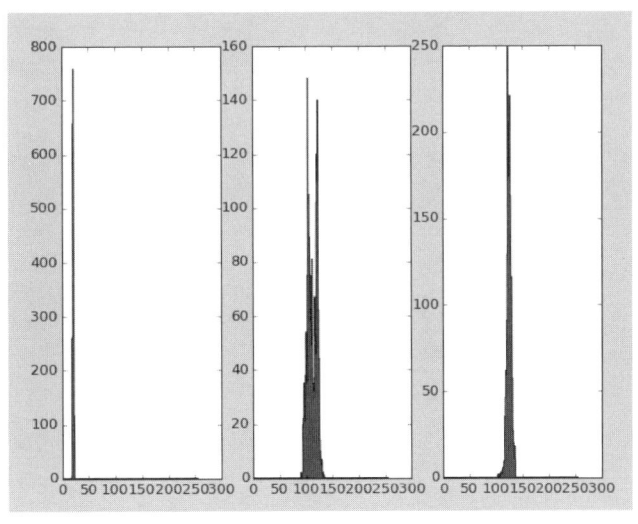

5.6 Template マッチング

Templateマッチングというのは，Template画像を与えられた画像から見つけ出そうという手法です．ここでは，メッシの顔をTemplate画像`messi_face.jpg`とします．与えられた画像`img.jpg`から，メッシの顔を検出するプログラム`messi.py`を，ソースコード5.8に示します．

▼ソースコード5.8　Templeteマッチングアルゴリズム（messi.py）

```
import cv2
import numpy as np
from matplotlib import pyplot as plt
img = cv2.imread('img.jpg',0)
img2 = img.copy()
template = cv2.imread('messi_face.jpg',0)
w, h = template.shape[::-1]
res = cv2.matchTemplate(img,template,cv2.TM_SQDIFF)
min_val, max_val, min_loc, max_loc = cv2.minMaxLoc(res)
top_left = min_loc
bottom_right = (top_left[0] + w, top_left[1] + h)
cv2.rectangle(img,top_left,bottom_right,255,2)
plt.subplot(121),plt.imshow(res,cmap = 'gray')
plt.title('Matching Result'), plt.xticks([]), plt.yticks([])
plt.subplot(122),plt.imshow(img,cmap='gray')
plt.title('Detected Point'), plt.xticks([]), plt.yticks([])
plt.show()
```

`cv2.rectangle(img,top_left,bottom_right,255,2)`によって，`img.jpg`ファイルから検出したメッシの顔を四角で囲みます．

顔検出は，`res=cv2.matchTemplate(img,template,cv2.TM_SQDIFF)`で実行します．Templateマッチングには，6つの画像比較方法（cv2.TM_CCOEFF, cv2.TM_CCOEFF_NORMED, cv2.TM_CCORR, cv2.TM_CCORR_NORMED, cv2.TM_SQDIFF, cv2.TM_SQDIFF_NORMED）があります．ここでは，cv2.TM_SQDIFFを使いました．次のコマンドで，必要なファイルをダウンロードし，実験してください．

```
$ wget $take/messi_matchTemplate.tar
$ tar xvf messi_matchTemplate.tar
$ cd messi
```

次のコマンドを実行すると，Templateマッチングの結果が表示されます（図5.4）．

```
$ python messi.py
```

図5.4 Templateマッチングの結果
（加工前画像の出典：Danilo Borges ／ ja.wikipedia.org/wiki/ リオネル・メッシのページ）

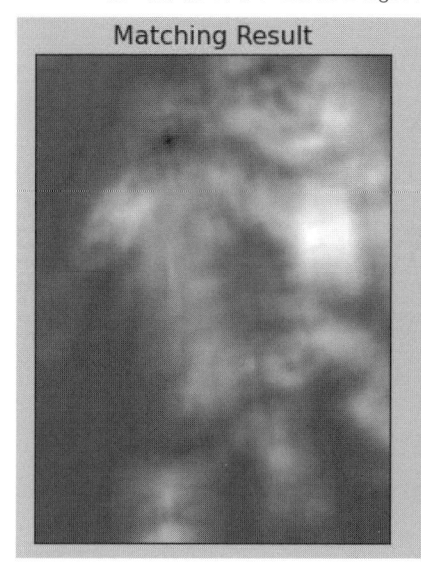

5.7 Bag of Featuresによる画像学習と分類器

　OpenCVライブラリには，特徴点（Keypoints）と特徴記述（Descriptors）を抽出するアルゴリズムが2つあります．SIFT（Scale-Invariant Feature Transform）と呼ばれる手法と，SURF（Speeded Up Robust Features）と呼ばれる手法です．

　http://alfredplpl.hatenablog.com/entry/2013/10/17/171048

のプログラムを参考に，k-means手法とGaussian Mixture Models（GMM）手法の2つのプログラムを次のコマンドでダウンロードしてください[†1]．

```
$ wget $take/bofGMM.py
$ wget $take/bofKM.py
```

　学習に使う画像は，次のコマンドでダウンロードします．

[†1] ここでダウンロードするファイルは，サイズの大きいファイルを含んでいます．仮想マシンのUbuntu，Debianで実行する場合は，Windowsの共有フォルダにダウンロードして，解凍してください．

```
$ wget http://www.vision.caltech.edu/Image_Datasets/Caltech101
/101_ObjectCategories.tar.gz
$ tar xvf 101_ObjectCategories.tar.gz
```

この画像データベースには，102種類の画像があります．

"Bag of Words"モデルとは，文書に登場する単語の出現頻度で表現するモデルです．したがって，文書の文法や語順の情報は失われます．"Bag of Words"モデルを画像処理に応用したのが，"Bag of Features"モデルです．

1枚の画像からSIFT手法を使ったアルゴリズムでは，SIFTの特徴記述子である128次元ベクトルを単語とみなし，複数枚の画像から抽出された特徴ベクトル群をクラスタリングします．

具体的には，SIFTの特徴記述子はヒストグラムにより特徴を表現するため，物体の位置情報は無視され，対象カテゴリからなる前景領域のみで特徴量を記述することで精度が向上するようです．

ソースコード5.9にbofGMM.pyを示します．

▼ソースコード5.9 **bofGMM.py**

```
# -*- coding: utf-8 -*-
import cv2,os
import numpy as np
from sklearn import svm,mixture,preprocessing,cross_validation
class GMM:
    codebookSize=15
    classifier=None
    def __init__(self, codebookSize):
        self.codebookSize=codebookSize
    def train(self,features):
        gmm = mixture.GMM(n_components=15)
        self.classifier = gmm.fit(features)
    def makeHistogram(self, feature):
        histogram=np.zeros(self.codebookSize)
        if self.classifier==None :
            raise Exception( "You need train this instance." )
        results=self.classifier.predict(feature)
        for idx in results:
            idx=int(idx)
            histogram[idx]=histogram[idx]+1
        histogram=preprocessing.normalize([histogram], norm='l2')[0]
        return histogram
def loadImages(path):
    import os
    imagePaths=map(lambda a:os.path.join(path,a),os.listdir(path))
    images=map(cv2.imread,imagePaths)
    return(images)
```

```python
    def extractDescriptors(images,method):
        detector = cv2.FeatureDetector_create(method)
        extractor = cv2.DescriptorExtractor_create(method)
        keypoints=map(detector.detect,images)
        descriptors=map(lambda a,b:extractor.compute(a,b)[1],images, \
            keypoints)
        return(descriptors)
c=raw_input("no.of clusters= ")
print "BoF processing..."
images={}
path='./101_ObjectCategories/'
img1='camera'
img2='cellphone'
images[img1]=loadImages(path+img1)
images[img2]=loadImages(path+img2)
features={}
features[img1]=extractDescriptors(images[img1],method="SIFT")
features[img2]=extractDescriptors(images[img2],method="SIFT")
features["all"]=np.vstack(np.append(features[img1],features[img2]))
labels=np.append([img1]*len(images[img1]),[img2]*len(images[img2]))
codebookSize=int(c)
bof=GMM(codebookSize)
bof.train(features["all"])
hist={}
hist[img1]=map(lambda a:bof.makeHistogram(np.matrix(a)), \
    features[img1])
hist[img2]=map(lambda a:bof.makeHistogram(np.matrix(a)), \
    features[img2])
hist["all"]=np.vstack(np.vstack([hist[img1],hist[img2]]))
classifier=svm.SVC(kernel='linear')
scores=cross_validation.cross_val_score(classifier,hist["all"], \
    labels,cv=5)
score=np.mean(scores)*100
print("Ave. score:%.2f[%%]" %(score))
os._exit(0)
```

Pythonプログラム bofGMM.py では，画像を読み込み，OpenCV ライブラリで keypoints と descriptors を抽出します．次に，GMM 手法で codebooksize（クラスタ数）に特徴ベクトルをクラスタリングします．クラスタリングされた画像の特徴ベクトルは，ヒストグラムに変換されます．変換されたヒストグラムは，サポートベクトルマシン svm.SVC を使って，scikit-learn の cross_validation で平均認識率を計算しています．

次のコマンドで実験してください．

```
$ python -i bofGMM.py
no.of clusters= 157     ←クラスタ数を入力
BoF processing...
Ave. score:77.79[%]
```

ソースコード5.10にbofKM.pyを示します．

▼ソースコード5.10　bofKM.py

```python
# -*- coding: utf-8 -*-
import cv2,os
import numpy as np
from sklearn import svm,mixture,preprocessing,cross_validation
import numpy as np
class KM:
    codebookSize=0
    classifier=None
    def __init__(self, codebookSize):
        self.codebookSize=codebookSize
        self.classifier=cv2.KNearest()
    def train(self,features,iterMax=100,term_crit = \
            ( cv2.TERM_CRITERIA_EPS | \
              cv2.TERM_CRITERIA_COUNT, 10, 1 )):
        retval, bestLabels, codebook=cv2.kmeans( \
            features,self.codebookSize,term_crit,iterMax, \
            cv2.KMEANS_RANDOM_CENTERS)
        self.classifier.train(codebook,np.array( \
            range(self.codebookSize)))
    def makeHistogram(self, feature):
        histogram=np.zeros(self.codebookSize)
        if self.classifier==None :
            raise Exception( "You need train this instance." )
        retval, results, neighborResponses, \
            dists=self.classifier.find_nearest(feature,1)
        for idx in results:
            idx=int(idx)
            histogram[idx]=histogram[idx]+1
        histogram=cv2.normalize(histogram,norm_type=cv2.NORM_L2)
        #transpose
        histogram=np.reshape(histogram,(1,-1))
        return histogram
def loadImages(path):
    import os
    imagePathes=map(lambda a:os.path.join(path,a),os.listdir(path))
    images=map(cv2.imread,imagePathes)
    return(images)
def extractDescriptors(images,method):
    detector = cv2.FeatureDetector_create(method)
    extractor = cv2.DescriptorExtractor_create(method)
    keypoints=map(detector.detect,images)
    descriptors=map(lambda a,b:extractor.compute(a,b)[1], \
        images,keypoints)
    return(descriptors)
c=raw_input( "no. of clusters=" )
print "BoF processing..."
images={}
```

5.7 Bag of Features による画像学習と分類器

```
path='./101_ObjectCategories/'
img1='camera'
img2='cellphone'
images[img1]=loadImages(path+img1)
images[img2]=loadImages(path+img2)
features={}
features[img1]=extractDescriptors(images[img1],method="SIFT")
features[img2]=extractDescriptors(images[img2],method="SIFT")
features["all"]=np.vstack(np.append(features[img1],features[img2]))
labels=np.append([img1]*len(images[img1]),[img2]*len(images[img2]))

codebookSize=int(c)
bof=KM(codebookSize)
bof.train(features["all"])
hist={}
hist[img1]=map(lambda a:bof.makeHistogram(np.matrix(a)), \
    features[img1])
hist[img2]=map(lambda a:bof.makeHistogram(np.matrix(a)), \
    features[img2])
hist["all"]=np.vstack(np.vstack([hist[img1],hist[img2]]))
classifier=svm.SVC(kernel='linear')
scores=cross_validation.cross_val_score(classifier,hist["all"], \
    labels,cv=5)
score=np.mean(scores)*100
print("Ave. score:%.2f[%%]" %(score))
os._exit(0)
```

Pythonプログラム bofKM.py では，画像を読み込み，OpenCV ライブラリで keypoints と descriptors を抽出します．次に，k-means 手法で codebooksize （クラスタ数）に特徴ベクトルをクラスタリングします．

```
$ python -i bofKM.py
no. of clusters=157
BoF processing...
Ave. score:84.33[%]
```

Chapter 6
Pythonを使ってクラウド活用

このChapterでは，freeDNSサービスを使って，IPだけでは簡単に実現できない，電子メールの送受信や，ドメイン名でのWebアクセスサービスを提供します．

6.1 freeDNSの活用

freeDNSを使ってdynamicDNSを利用し，Raspberry Pi2のIPが変更されても，同じWebアドレスでアクセスできる方法を紹介します．

http://freedns.afraid.org/

にアクセスし，SignUpします．メンバーでログインしてから，左メニューの「Registry」をクリックすると自由に利用できるDomain Registryが現れます．「Search」に「.jp」と入力すると，.jpのDomain Registryが表示されます．たとえば，「zsh.jp」をクリックし，「Subdomain」に「takefuji」と入力し，「Wildcard」を「Enable」すると，takefuji.zsh.jpが現在のIP（121.119.99.194）とリンクし，「Save!」ボタンをクリックすれば自動的に登録されます．つまり，takefuji.zsh.jpのIPを調べると，IP＝121.119.99.194になります．

```
$ ping takefuji.zsh.jp
takefuji.zsh.jp [121.119.99.194]に ping を送信しています 32 バイトのデータ：
121.119.99.194 からの応答: バイト数 =32 時間 =1ms TTL=64
...
```

freedns.pyをソースコード6.1に示します．

Chapter 6　Python を使ってクラウド活用

図 6.1　freeDNS での Subdomain の設定画面

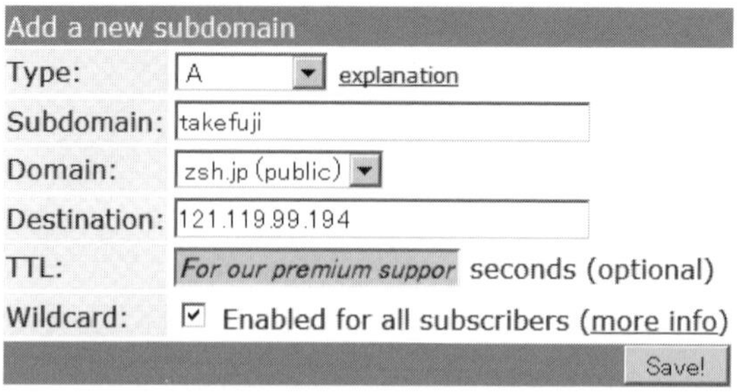

```
$ wget $take/freedns.py
```

▼ソースコード 6.1　freedns.py
(https://raw.githubusercontent.com/dnoegel/freedns/master/freedns.py)

```python
#!/usr/bin/env python2
# coding:utf-8
USERNAME = "your_name"
PASSWORD = "your_passwd"
UPDATE_DOMAINS = [ "your_domain" , ]
from hashlib import sha1
import urllib2
import datetime
import os
API_URL = \
    "https://freedns.afraid.org/api/?action=getdyndns&sha={sha1hash}"
def get_sha1(username, password):
    return sha1( "{0}|{1}" .format(username, password)).hexdigest()
def read_url(url):
    try:
        return urllib2.urlopen(url).read()
    except (urllib2.URLError, urllib2.HTTPError) as inst:
        return "ERROR: {0}" .format(inst)
if __name__ == "__main__" :
    shahash = get_sha1(USERNAME, PASSWORD)
    url = API_URL.format(sha1hash=shahash)
    with open(os.path.expanduser( "~/.freedns_log" ), "a" ) as fh:
        result = read_url(url)
        domains = []
        if result.startswith( "ERROR" ):
            print result
        else:
            for line in result.splitlines():
                service, ip, update_url = line.split( "|" )
                domains.append(line.split( "|" ))
                if service.strip() in UPDATE_DOMAINS or \
                        "ALL" in UPDATE_DOMAINS:
                    result = read_url(update_url.strip())
```

```
                    print "Updating {0}" .format(service),
                    print result
                    fh.write(datetime.datetime.now().\
                        strftime( "%Y-%m-%d %H:%M: "))
                    fh.write( "Updating {0} ".format(service))
                    fh.write(result)
```

　次に，IP が変わっても，同じ Domain 名でアクセスしたい場合は，IP の変化を認識して，自動的に Domain 名を登録しなおす必要があります．

　Ubuntu の Terminal から crontab 機能で，5 分に 1 回，定期的に `freedns.py` を起動すれば，自動変更になります．

```
$ sudo su
# crontab -e
```

　新しい画面が開くので，次の 1 行を入力します．5 分おきに `freedns.py` を実行し，新しい IP があれば，DynamiDNS の機能を使って，再登録します．

```
0-59/5 * * * * python /home/your_name/freedns.py
```

6.2 クラウド Dropbox の利用

　無料で利用できるクラウドサービスに，Dropbox があります．Dropbox を利用するには，2 通りの方法があります．1 つの方法は，App 認証・登録するやり方です．2 つ目の方法は，`DropboxInstaller.exe` をダウンロードして，システムにインストールする方法で，システム（Windows や Raspberry Pi2）にクラウドの Dropbox をマウントします．後者の方がきわめて簡単です．

（1）App 認証・登録して Dropbox を活用する方法

1. https://www.dropbox.com/login
   からアカウントを新しく作ります．すでにアカウントがある場合は，そのアカウントを利用してください．アカウントに login してから，次のサイトにアクセスします．
   https://www.dropbox.com/developers/apps
2. 「Create app」ボタンがあるので，クリックします．
3. 「Dropbox API app」を選び，「Files and datastores」を選びます．
4. app の limited は「No」でも「Yes」でもかまいません．「No」の場合は「All file types」を選びます．
5. App のユニークな名前（たとえば，uuu）を考えて入力します．「I agree to ...」にチェックを入れ，「Create app」ボタンを押すと，「App key」と「App secret」が現れます．その「App key」と「App secret」をメモしましょう．
6. 次に，次のコマンドを実行します．

```
$ apt-get install git-core        ←Raspberry Pi2でのコマンド
```

　Windows では，Cygwin から git インストールします[1]．次のコマンドを実行していきます．

```
$ git clone https://github.com/andreafabrizi/Dropbox-Uploader.git
$ cd Dropbox-Uploader/
$ ./dropbox_uploader.sh
```

　しばらくすると，App key と App secret を要求するので，入力します．

---

[1] Cygwin を終了し，Cygwin Setup を起動して，ダイアログボックスの「Search」で「git」「curl」を検索して，インストールしてください．

画面に，次のような oauth_token のサイト情報が現れます．このサイト情報をコピーして，ブラウザのアドレスにペーストします．

https://www.dropbox.com/1/oauth/authorize?oauth_token=xxxx

するとブラウザに，Dropbox に保存されているアプリへのアクセスをリクエストしている，と表示されるので，「許可」をクリックします．

ターミナルに戻って「Enter」キーを押して，設定は完了します．

このディレクトリにアップロードしたいファイル up_file を置いて，次のコマンドを実行します．

```
$ ./dropbox_uploader.sh upload ./up_file up_file
```

Dropbox の「アプリ」フォルダの中の「uuu」フォルダに up_file がアップロードされます．

(2) DropboxInstaller.exe を使う方法

Windows では，次のキーワードで，ダウンロードファイルを検索してください．

🔍 dropbox windows

https://www.dropbox.com/downloading

DropboxInstaller.exe をダブルクリックして，Windows にインストールします．インストールすると，クラウドの Dropbox フォルダが Windows のデスクトップ（別の場所にも移動できます）にマウントされます．マウントされると，Windows のフォルダと同じように使えるので，アップロードやダウンロードのライブラリは必要なくなります．Windows の Dropbox のフォルダにファイルを置くと，Dropbox のクラウドに置いたことになり，共有設定すれば，共有を許した人は簡単にアクセスできます．

6.3 クラウド Google ドライブの利用

6.3.1 Google ドライブへのアクセス

　Google ドライブのフォルダへのアクセスは，Python ライブラリを使うと比較的簡単にできます．Cygwin と Raspberry Pi2，いずれのマシンでも動作します．Google ドライブのフォルダへのファイルアップロード（gupload.py）とファイルダウンロード（gspdown.py）の Python プログラムを紹介します．本書執筆中に Google の仕様が少し変わりました．現在は，6.3.2 項に示す OAuth 2.0 認証が必要です．したがって，gupload.py, gspdown.py は動作しません．ここでは，参考のためにソースコードを示しておきます．

　Google にログインし，アカウントをクリックします．「アカウント情報」の「ログインとセキュリティ」－「接続済みのアプリとサイト」の「安全性の低いアプリの許可」を「有効」にしておきます．

　次のコマンドで，gdata ライブラリをインストールします．

```
# pip install gdata
```

　gupload.py をソースコード 6.2 に示します．

```
$ wget $take/gupload.py
```

▼ソースコード 6.2　gupload.py

```python
import gdata.docs.data
import gdata.docs.client
import os
filePath =raw_input('enter file name: ')
client = gdata.docs.client.DocsClient(source='txt')
client.api_version = "3"
client.ssl = True
client.ClientLogin("your_name@gmail.com", "your_password", \
    client.source)
newResource = gdata.docs.data.Resource(filePath, filePath)
media = gdata.data.MediaSource()
media.SetFileHandle(filePath, 'mime/type')
newDocument = client.CreateResource(newResource, \
    create_uri=gdata.docs.client.RESOURCE_UPLOAD_URI, \
    media=media)
os._exit(0)
```

次のコマンドを実行すると，ファイル名を要求するので，入力してください．

```
$ python -i gupload.py
enter file name: gupload.py
```

Googleドライブにサインインして，`gupload.py`ファイルがアップロードされているか確認してください．

Googleドライブからファイルをダウンロードするには，ファイルのアクセスkeyが必要になります．たとえば，3.5節で説明したGoogleスプレッドシートをダウンロードしてみます．Googleスプレッドシートを開くと，ブラウザにはアドレスが表示されます．

https://docs.google.com/spreadsheets/d/**アクセスkey**/edit#gid=0

`d/`と`/edit`に囲まれた文字列がアクセスkeyです．ソースコード6.3のyour_access_key, your_name@gmail.com, your_password, file_pathを設定してください．

```
$ wget $take/gspdown.py
```

▼ソースコード6.3　gspdown.py

```
import gdata.docs.service,os
import gdata.spreadsheet.service
key = 'your_access_key'
email="your_name@gmail.com"
password="your_password"
gd_client = gdata.docs.service.DocsService()
gd_client.ClientLogin(email,password)
spreadsheets_client = \
    gdata.spreadsheet.service.SpreadsheetsService()
spreadsheets_client.ClientLogin(email,password)
uri = \
'http://docs.google.com/feeds/documents/private/full/%s'%key
entry = gd_client.GetDocumentListEntry(uri)
file_path = 'test'
docs_token = gd_client.auth_token
gd_client.SetClientLoginToken( \
    spreadsheets_client.GetClientLoginToken())
gd_client.Export(entry, file_path)
gd_client.auth_token = docs_token
os._exit(0)
```

次のように実行します．この場合は，ダウンロードしたファイル`test`のファイル名を`test.xls`に変更すれば，Windowsのアプリケーションで開くことができます．

```
$ python gspdown.py
```

6.3.2 Google ドライブの OAuth 2.0 認証

2015年4月からGoogleドライブへのアクセスには，OAuth 2.0の認証が必要になりました．OAuth 2.0 認証によるファイルのアップロード例を示します．まず，pydriveをインストールします．pydriveは，OAuth 2.0認証を簡易に行ってくれるライブラリです．

```
$ sudo pip install pydrive
```

次に，

```
https://console.developers.google.com/project
```

にアクセスし，新しいプロジェクトを作成します．「APIと認証」を選び，「認証情報」をクリックします．「新しいクライアントIDを作成」ボタンをクリックすると，新しい画面が表示されるので，「ウェブアプリケーション」を選択して，「同意画面を設定」をクリックします．

「同意画面」で「メールアドレス」を設定し，「サービス名」を入力して，「保存」をクリックします．再び「クライアントIDの作成」に自動的に戻ります．「承認済みのJavaScript生成元」に，次の1行を加えます．

```
http://localhost:8080/
```

「承諾済みのリダイレクトURI」に，次の1行が追加されることを確認します．

```
http://localhost:8080/oauth2callback
```

「クライアントIDを作成」をクリックすると，Google側のOAuth 2.0認証の設定は完了です．「JSONをダウンロード」をクリックして，jsonファイルをパソコンにダウンロードします．ダウンロードしたjsonファイル名を，client_secrets.jsonに変更します．

```
$ mv xxxx.json client_secrets.json
```

OAuth 2.0 認証によるファイルのアップロードプログラム oauth2_upload.py をソースコード 6.4 に示します．

```
$ wget $take/oauth2_upload.py
```

▼ソースコード 6.4　oauth2_upload.py

```
from pydrive.auth import GoogleAuth
from pydrive.drive import GoogleDrive
import os
gauth = GoogleAuth()
gauth.LoadCredentialsFile("mycreds.txt")
gauth.LocalWebserverAuth()
drive = GoogleDrive(gauth)
file=drive.CreateFile()
name=raw_input('file name? ')
file.SetContentFile(name)
file.Upload()
gauth.SaveCredentialsFile("mycreds.txt")
os._exit(0)
```

Google ドライブにファイルをアップロードしたい場合は，次のように実行します．

```
$ python -i oauth2_upload.py
```

OAuth 2.0 認証の画面がポップアップするので，「承認」ボタンを押すと，次の表示が現れます[2]．

　Authentication successful.（環境によっては日本語の場合もあります）

次回からは，煩わしい「承認」ボタンの画面は出なくなります．

```
file name?
```

でファイル名を入力すると，指定したファイルが Google ドライブにアップロードされます．

Google ドライブから OAuth 2.0 認証でファイルをダウンロードできるプログラム oauth2_down.py を**ソースコード 6.5** に示します．

```
$ wget $take/oauth2_down.py
```

▼ソースコード 6.5　oauth2_down.py

```
from pydrive.auth import GoogleAuth
from pydrive.drive import GoogleDrive
import os,re
gauth = GoogleAuth()
gauth.LoadCredentialsFile("mycreds.txt")
```

---

[2] ソースコード 6.4 などのコード中の "mycreds.txt" は自動的に生成される，トークンファイルと呼ばれるものです．1 時間のみ有効です．

```
gauth.LocalWebserverAuth()
drive = GoogleDrive(gauth)
if gauth.credentials is None:
    gauth.LocalWebserverAuth()
elif gauth.access_token_expired:
    gauth.Refresh()
else:
    gauth.Authorize()
gauth.SaveCredentialsFile("mycreds.txt")
file=drive.CreateFile()
name=raw_input('file name? ')
file['title']=name
file_list = \
    drive.ListFile({'q': "'root' in parents"}).GetList()
for i in file_list:
  m=re.search(name,i['title'])
  if m:id=i['id']
file['id']=id
file.GetContentFile(name)
os._exit(0)
```

次のコマンドで実行します．

```
$ python -i oauth2_down.py
file name?
```

ダウンロードしたいファイル名を入力するとそのファイルをパソコンにダウンロードできます．

最後に，Googleドライブのファイルリストを表示するプログラムoauth2_list.pyをソースコード6.6に示します．

```
$ wget $take/oauth2_list.py
```

▼ソースコード6.6　oauth2_list.py

```
from pydrive.auth import GoogleAuth
from pydrive.drive import GoogleDrive
import os
gauth = GoogleAuth()
gauth.LoadCredentialsFile("mycreds.txt")
gauth.LocalWebserverAuth()
drive = GoogleDrive(gauth)
file_list = \
    drive.ListFile({'q': "'root' in parents"}).GetList()
for file1 in file_list:
  print 'title: %s, id: %s' % (file1['title'], file1['id'])
```

```
gauth.SaveCredentialsFile("mycreds.txt")
os._exit(0)
```

次のコマンドを実行すると，Google ドライブ上のファイル名やフォルダ情報を表示します．

```
$ python -i oauth2_list.py
```

6.3.3 pydrive ライブラリに削除機能を追加

pydrive ライブラリには削除の機能がないので，削除機能を追加したいと思います．Windows の Python のインストールフォルダにある pydrive フォルダ内の files.py の変更が必要です．

C:Python27/Lib/site-packages/pydrive/files.py

の最後の行に，次の 5 行を加えます．インデントに気をつけて，入力してください．

```
def DeleteFile(self,file_id):
  try:
      self.auth.service.files().delete(fileId=file_id).execute()
  except errors.HttpError, error:
      print 'An error occurred: %s' % error
```

次のコマンドを実行しながら，files.py をコンパイルして files.pyc を生成します．files.py へのアクセスを可能にするためにファイル属性を変更します．

Cygwin では，

```
$ cd /cygdrive/c/Python27/Lib/site-packages/pydrive
$ chmod 755 files.py
```

Ubuntu では，

```
$ cd /usr/local/lib/python2.7/dist-packages/pydrive
$ chmod 755 files.py
```

help.py ファイルを作成し，py_compile でコンパイルして files.pyc を生成します．

```
$ cat help.py
import py_compile
py_compile.compile("files.py")
```

失敗しても元に戻せるように，現在の`filles.pyc`の名前を変更します．

```
$ mv files.pyc temp.pyc
```

次のコマンドで，`files.pyc`を生成します．

```
$ python help.py
```

次のコマンドで，`files.pyc`が確認できれば，成功です．

```
$ ls files.pyc
files.pyc
```

ソースコード6.7にGoogleドライブ上のファイル削除プログラム`oauth2_delete.py`を示します．

```
$ wget $take/oauth2_delete.py
```

▼ソースコード6.7　oauth2_delete.py

```python
from pydrive.auth import GoogleAuth
from pydrive.drive import GoogleDrive
import os,re
gauth = GoogleAuth()
gauth.LoadCredentialsFile("mycreds.txt")
gauth.LocalWebserverAuth()
drive = GoogleDrive(gauth)
if gauth.credentials is None:
    gauth.LocalWebserverAuth()
elif gauth.access_token_expired:
    gauth.Refresh()
else:
    gauth.Authorize()
gauth.SaveCredentialsFile("mycreds.txt")
file=drive.CreateFile()
name=raw_input('file name? ')
file['title']=name
file_list = \
    drive.ListFile({'q': "'root' in parents"}).GetList()
for i in file_list:
  m=re.search(name,i['title'])
  if m:
    id=i['id']
file.DeleteFile(id)
os._exit(0)
```

使い方は，次のコマンドのようになります．

```
$ python -i oauth2_delete.py
file name?
```

ファイル名を入力すると，ファイルが削除されます．

6.3.4　Google ドライブと pydrive の MIME タイプのミスマッチ

ソースコード 6.5 に示した oauth2_down.py は，Google ドライブと pydrive の MIME タイプのミスマッチで，スプレッドシートファイルをうまくダウンロードできません．そこで，スプレッドシート専用のダウンロードプログラム gsdown.py を作りました（**ソースコード 6.8**）．

```
$ wget $take/gsdown.py
```

▼ソースコード 6.8　gsdown.py

```
from apiclient.discovery import build
from httplib2 import Http
from oauth2client import file, client, tools
import urllib,os,re,webbrowser
CLIENT_SECRET = 'client_secrets.json'
SCOPES = ['https://www.googleapis.com/auth/drive.readonly.metadata']
store = file.Storage('storage.json')
creds = store.get()
if not creds or creds.invalid:
    flow = client.flow_from_clientsecrets(CLIENT_SECRET, SCOPES)
    creds = tools.run(flow, store)
DRIVE = build('drive', 'v2', http=creds.authorize(Http()))
files = DRIVE.files().list().execute().get('items', [])
name=raw_input('file name? ')
i=8
for f in files:
 if f['title']==name:
  mime=f['mimeType']
  ff=str(f)
  m=re.search('exportLinks',ff)
  if m:
   url=f['exportLinks']
   i=0
   break
  m=re.search('alternateLink',ff)
  if m:
   url=f['alternateLink']
   id=f['id']
```

```
     i=1
     break
 if mime=='application/vnd.google-apps.spreadsheet':
  key='application/vnd.openxmlformats-officedocument.spreadsheetml.sheet'
  if i==0:url=url[key]
  elif i==1:
   webbrowser.open_new(url)
   os._exit(0)
 else:url=url[mime]
 t=urllib.URLopener()
 t.retrieve(url,name)
 os._exit(0)
```

pydriveでは，GoogleドライブのスプレッドシートはI，次のMIMEタイプの認識です．

`'application/vnd.google-apps.spreadsheet'`

Googleドライブのライブラリoauth2clientの方では，次のMIMEタイプの認識です．

`'application/vnd.openxmlformats-officedocument.spreadsheetml.sheet'`

したがって，pydriveをあきらめて，OAuth 2.0のflow認証でアプローチし，ミスマッチのMIMEタイプをだます方法にしました．最初の13行がpydriveのOAuth 2.0認証を置き換えた部分になります．

変数`files`には，Googleドライブのすべてのファイル情報が入っています．まず，ダウンロードしたいファイル名と属性`f['title']`が一致したら，`mime`にそのMIMEタイプを保存します．ファイルがパブリックに公開してあれば，`exportLinks`情報からファイルアクセスに必要な`url`を抜き出します．ファイルがパブリックに公開していなくでも，`alternateLink`情報から閲覧可能な`url`を得ることができます．

Google Developers Consoleからダウンロードした`xxx.json`ファイルは，`client_secrets.json`に変更して，作業しているフォルダに置いてください．

パブリックに公開しているスプレッドシートであれば，`exportLinks`情報でファイルのダウンロードを実現します．パブリックに公開していないファイルでも，`alternateLink`情報からブラウザを起動し，スプレッドシートにアクセスできます．

プログラム中で使われている変数`ff`の内容を見ると，Googleドライブのさまざまな情報を提供してくれます．

Chapter 7
Pythonを使って スマートフォン活用（SL4A）

　Android端末にSL4Aをインストールすると，Pythonプログラムが動作するようになります．スマートフォンを使って，IoTを試してみましょう．

7.1 SL4Aのインストール

1. SD Card ManagerをGoogle Playからインストールします．
2. ブラウザを使って，

    > 🔍 sl4a python

    で検索し，`sl4a_r6.apk`,`PythonForAndroid_r4.apk`をダウンロードします．
3. Android設定をクリックし，セキュリティ設定に移動し，提供元不明のアプリを許可するにチェックマークを入れます．
4. SD Card Managerを起動して，Downloadフォルダをクリックし移動します．`sl4a_r6.apk`をクリックし，インストールします．同様に，`PythonForAndroid_r4.apk`もインストールします．
5. Android端末に，PythonForAndroidアプリがインストールされているので，クリックし，「install」ボタンを押すとライブラリが自動的にインストールされます．「Browse modules」ボタンをクリックし，PySerialやPyBluezをインストールします．
6. Android端末をパソコンにUSB接続します．
7. Android端末の設定をクリックし，開発者向けオプションをクリックし，USBデバッグにチェックマークを入れます．
8. SD Card Managerを開くと，sl4aフォルダがあります．sl4aフォルダ内のscripts

Chapter 7 Pythonを使ってスマートフォン活用（SL4A）

フォルダに自作の Python プログラムを入れると，実行できます．

たとえば，`Sensors.py`プログラムは，Android 端末に内蔵されているセンサーの値を読み出します．次のコマンドを実行して，Python プログラムをパソコンにダウンロードします．

```
$ wget $take/Sensors.py
```

パソコンと Android 端末を接続すると，Android 端末の内部ストレージが現れてきます．内部ストレージをクリックするとsl4a フォルダが見えるので，先ほどダウンロードしたAndroid 用 Python プログラムをドラッグ・ドロップします．

Android 端末にインストールしたsl4a をクリックし，起動します．`Sensors.py`をクリックすると，**図 7.1** の表示が現れます．

図 7.1　sl4a

一番左が，「実行」ボタン，左から 3 番目は「編集」ボタンです．「編集」ボタンを押すと，sl4a が終了してしまう場合がありますが，ファイル名を変更するとなぜか解決します．

Python プログラムはパソコンで編集して，Android 端末にドラッグ・ドロップする方が時間短縮になります．

`Sensors.py`を**ソースコード 7.1** に示します．

▼ソースコード 7.1　Sensors.py

```
import android
import time
droid = android.Android()
droid.startSensingTimed(1, 500)
time.sleep(1)
print droid.readSensors().result
droid.stopSensing()
```

次に，Android 端末に搭載している Bluetooth 通信を利用して，サーボモータを動かしてみます．3.1 節で紹介したサーボモータ回路で使われている FT232RL を Bluetooth に置き換えます．

Python プログラム`SWuni2.py`を**ソースコード 7.2** に示します．操作画面を**図 7.2** に示します．Android 端末で`SWuni2.py`をクリックして実行させると，横スライドバーが出てきます．横スライドバーを動かして「OK」ボタンを押すと，0 から 180 度までのサーボ制御

ができます．IoT デバイスのファームウェアは，3.1 節と同じものを使用しました．

ソースコード 7.2 の SWuni2.py プログラムでは，Bluetooth の設定があります．Bluetooth には，次に示す万能 uuid があります．

```
uuid = '00001101-0000-1000-8000-00805F9B34FB'
```

SWuni2.py は，次のコマンドでダウンロードしてください．

```
$ wget $take/SWuni2.py
```

▼ソースコード 7.2　SWuni2.py

```
import sys
import time
import android
import gdata.spreadsheet.service
a = android.Android()
uuid = '00001101-0000-1000-8000-00805F9B34FB'

print "connect client bt"
time.sleep(0.3)
ret = a.bluetoothConnect( uuid ).result
if not ret:
    a.makeToast( "bt not connected" )
    sys.exit( 0 )
print "start..."
while True:
    a.dialogCreateSeekBar(1,180," ","Cloud SW")
    a.dialogSetPositiveButtonText("OK")
    a.dialogSetNegativeButtonText("Cancel")
    a.dialogShow()
    r=a.dialogGetResponse()
    if r.result["which"] == "positive":
        num=r.result["progress"]
        a.bluetoothWrite(str(num)+"\r\n")
        a.dialogShow()
        time.sleep(0.3)
    elif items[r.result["item"]]=="negative":
        break
a.dialogDismiss()
```

図 7.3 にサーボモータ IoT デバイスの回路図を示します．Bluetooth を初めて接続する場合，PIN 番号を要求されます．通常は，1234 を入れてください．Bluetooth には，名前を付けることが可能です．Bluetooth の TXD と ATmega328P の RXD，Bluetooth の RXD と ATmega328P の TXD をそれぞれ接続します．多くの Bluetooth では，次のコマンドで名前を登録変更できます．

Chapter 7 Pythonを使ってスマートフォン活用（SL4A）

図 7.2　Android 端末上での Python プログラム SWuni2.py

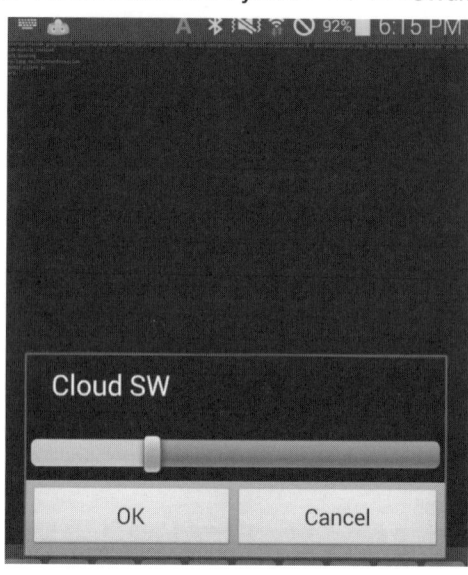

図 7.3　Bluetooth 通信のサーボモータ回路図

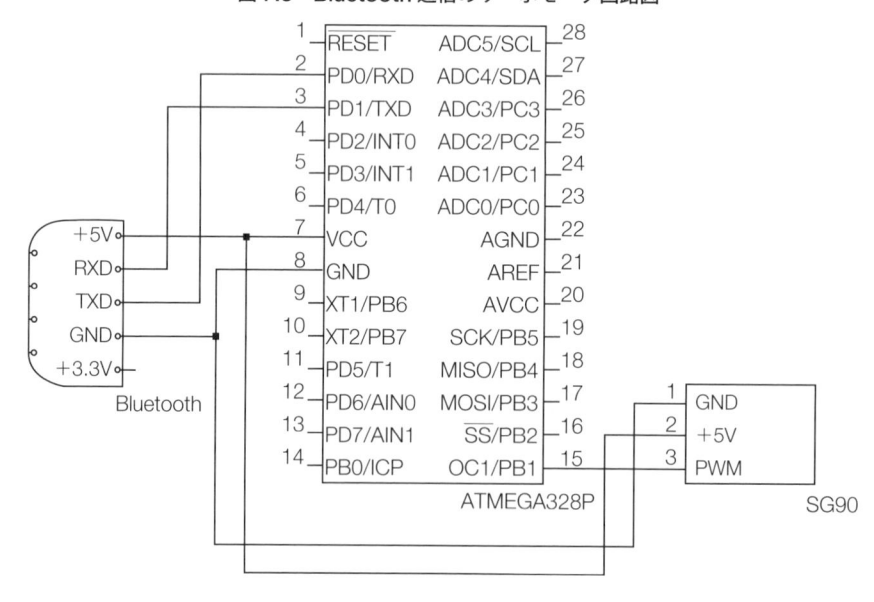

Tera Term か miniterm.py を使って，次のコマンドを実行します．ここでは，Servo 名です．

```
AT+NAMEServo
```

7.2 Weather-station

図 7.4 に Weather-station の回路図を示します．ATmega328P には，通信のための Bluetooth，LCD（8 × 2），気圧センサー，湿度センサー，風センサー（オプション）があります．ここでは，ATmega328P-AU チップを使いましたが，DIP タイプで製作のチャレンジをしてみてください．

図 7.4　Weather-station IoT デバイスの回路図

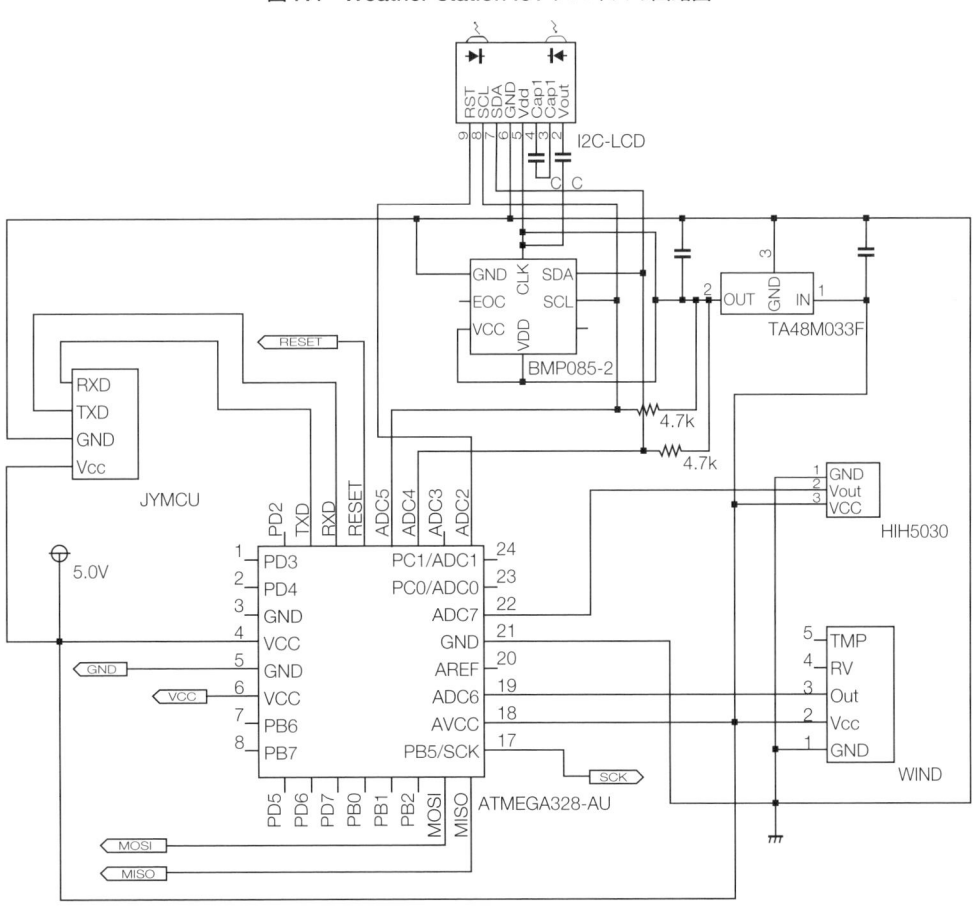

IoT ファームウェアは，次のコマンドで生成できます．

```
$ wget $take/weather_station.tar
$ tar xvf weather_station.tar
$ cd 328firmware
```

次の make コマンドで，main.hex ファイルを生成します．

```
$ make
```

LCD（8×2）は ST7032 コントローラで，秋月電子通商から購入しました．Bluetooth と気圧センサーは AliExpress から購入しました．

ソースコード 7.3 に示すように，IoT デバイスには，次の 4 つの命令を準備しました．

items =["temperature", "humidity", "pressure","exit"]

図 7.5 に示すように，4 つのいずれかのボタンを押すと，測定結果が IoT デバイスと，Android 端末に表示されます．「exit」ボタンで終了になります．Bluetooth への文字列 xxx の書き込みは，bluetoothWrite("xxx") で，読み出しは，bluetoothRead().result で行います．

```
$ wget $take/WS.py
```

▼ソースコード 7.3　Weather-station 用 Python プログラム（WS.py）

```
# -*- coding: utf-8 -*-
import sys
import time
import android
a = android.Android()
a.startSensingTimed(1,1000)
uuid = '00001101-0000-1000-8000-00805F9B34FB'
print "connect client bt"
time.sleep(0.3)
ret = a.bluetoothConnect( uuid ).result
if not ret:
    a.makeToast( "bt not connected" )
    sys.exit( 0 )
print "start..."
while True:
    a.dialogCreateAlert("WeatherStation")
    items =[ "temperature", "humidity", "pressure","exit"]
```

```
        a.dialogSetItems(items)
        a.dialogShow()
        res = a.dialogGetResponse()
        if items[res.result["item"]]=='temperature':
            a.bluetoothWrite("t")
            time.sleep(0.7)
            data=a.bluetoothRead().result
            a.makeToast(str(data)+"degC")
            time.sleep(0.3)
        elif items[res.result["item"]]=='humidity':
            a.bluetoothWrite("h")
            time.sleep(0.7)
            data=a.bluetoothRead().result
            a.makeToast(str(data)+"%RH")
            time.sleep(0.3)
        elif items[res.result["item"]]=='pressure':
            a.bluetoothWrite("p")
            time.sleep(0.7)
            data=a.bluetoothRead().result
            a.makeToast(str(data))
            time.sleep(0.3)
        elif items[res.result["item"]]=='exit':
            break
    a.dialogDismiss()
```

図7.5 「pressure」ボタンを押したときの画面

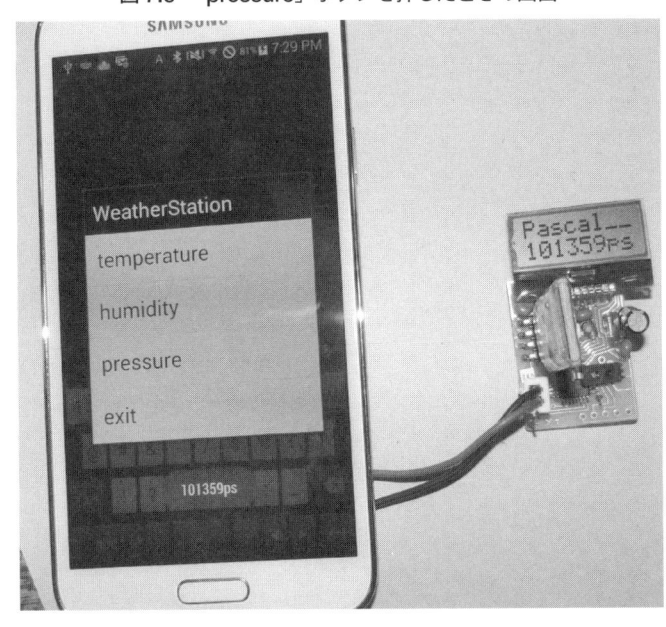

Chapter 8
3つの音声認識（Windows, Android, Raspberry Pi2）

ここでは，3種類の音声認識を紹介します．1つは，Windowsの音声認識をPythonから制御します．同様に，Android端末からもSL4Aを活用して，Pythonから制御します．3つ目は，Raspberry Pi2上にオープンソースのJulius音声認識システムをインストールします．

8.1 Windowsでの音声認識

Windowsでは，speechライブラリ[1]を使うと，1行で音声認識した単語や語句を返してくれます．

```
phrase=speech.input("messages",phrases)
```

の例で示すように，音声認識で，さまざまなIoTデバイス制御が実現できます．

ソースコード8.1に示すように，変数phrasesには，あらかじめ登録した単語や語句を入れておきます．そのphrasesの中から音声認識によって，単語や語句を選び出します．

この例では，変数phraseに音声認識された単語や語句を代入し，IoTデバイスへの命令制御をします．ここで紹介するIoTデバイスは，mp3プレイヤー，3.3節で紹介したマイコン内蔵RGB LEDを2個使いました．また，IoTデバイスはBluetoothでパソコンと通信します．次のコマンドで，Pythonプログラムspeechrecog.pyをダウンロードしてください．

```
$ wget $take/speechrecog.py
```

---

[1] speechライブラリをインストールしますが，PyWin32ライブラリもインストールする必要があるかもしれません．その場合は，「python win32com」などのキーワードで検索して，実行ファイルpywin32-xxx.win-xxx.exeをダウンロードしてください．

▼ソースコード 8.1　Windows の音声認識制御（speechrecog.py）

```python
import serial
import speech
import sys,os
import threading
phrases=['akari', 'kesu', 'music', 'motor', 'stop', 'red', \
        'rainbow', 'hidari rainbow', 'owari','fujisawa no tenki', \
        'chizu']
s=serial.Serial(0,9600)
def rainbow_thread():
            if s.isOpen():
                    s.write('i'+'\r\n')
                    s.flush()
                    result=s.read(s.inWaiting())
while True:
        print phrases
        phrase=speech.input("Say the name of color",phrases)
#       speech.say("You said %s" % phrase)
        print phrase
        if phrase=='akari':
         if s.isOpen():
                s.write('n'+'\r\n')
                s.flush()
                result=s.read(s.inWaiting())
        if phrase=='kesu':
         if s.isOpen():
                s.write('f'+'\r\n')
                s.flush()
                result=s.read(s.inWaiting())
        if phrase=='music' or phrase=='motor':
         if s.isOpen():
                s.write('m'+'\r\n')
                s.flush()
                result=s.read(s.inWaiting())
        if phrase=='stop':
         if s.isOpen():
                s.write('s'+'\r\n')
                s.flush()
                result=s.read(s.inWaiting())
        if phrase=='red':
         if s.isOpen():
                s.write('r'+'\r\n')
                s.flush()
                result=s.read(s.inWaiting())
        if phrase=='rainbow':
         thread=threading.Thread(target=rainbow_thread,args=())
         thread.start()
        if phrase=='hidari rainbow':
         if s.isOpen():
                s.write('j'+'\r\n')
```

```
                    s.flush()
                    result=s.read(s.inWaiting())
        if phrase=='owari':
                break
        if phrase=='fujisawa no tenki':
                    os.system('firefox \
   http://weather.yahoo.co.jp/weather/jp/14/4610/14205.html')
        if phrase=='chizu':
                    os.system('firefox https://maps.google.co.jp/')
   os._exit(0)
```

IoTデバイスのファームウェアの一部を**ソースコード 8.2**に示します．次のコマンドで，ファイルをダウンロードし，コンパイルしてください．

```
$ wget $take/vc.tar
$ tar xvf vc.tar
$ cd vc
$ make
```

▼ソースコード 8.2　音声制御の IoT デバイスのスケッチ（vcneo.ino）

```
#define PINR 13
#define PINL 12
#define PINM 2
void setup()
{
Serial.begin(9600);
pinMode(PINR,OUTPUT);
pinMode(PINL,OUTPUT);
pinMode(PINM,OUTPUT);
digitalWrite(PINM,1);
}
void loop()
{
if(Serial.available()>0){
int c=Serial.read();
if(c=='r'){colorWipeR(stripR.Color(255,0,0),1);}
if(c=='g'){colorWipeR(stripR.Color(0,255,0),1);}
if(c=='b'){colorWipeR(stripR.Color(0,0,255),1);}
if(c=='w'){colorWipeR(stripR.Color(255,255,255),1);}
if(c=='y'){colorWipeR(stripR.Color(255,255,0),1);}
if(c=='p'){colorWipeR(stripR.Color(255,0,255),1);}
if(c=='c'){colorWipeR(stripR.Color(0,255,255),1);}
if(c=='d'){colorWipeR(stripR.Color(0,0,0),1);}
if(c=='0'){colorWipeL(stripL.Color(255,0,0),1);}
if(c=='1'){colorWipeL(stripL.Color(0,255,0),1);}
if(c=='2'){colorWipeL(stripL.Color(0,0,255),1);}
if(c=='3'){colorWipeL(stripL.Color(255,255,255),1);}
```

```
    if(c=='4'){colorWipeL(stripL.Color(255,255,0),1);}
    if(c=='5'){colorWipeL(stripL.Color(255,0,255),1);}
    if(c=='i'){rainbowR(20);}
    if(c=='j'){rainbowL(20);}
    if(c=='7'){colorWipeL(stripL.Color(0,0,0),1);}
    if(c=='m'){digitalWrite(PINM,0);}
    if(c=='s'){digitalWrite(PINM,1);}
    if(c=='f'){colorWipeR(stripR.Color(0,0,0),1);
               colorWipeL(stripL.Color(0,0,0),1);}
    if(c=='n'){colorWipeR(stripR.Color(255,255,255),1);
               colorWipeL(stripL.Color(255,255,255),1);}
        }
  }
```

8.2 Android での音声認識

　Android 端末からもこの IoT デバイスを制御できます．Android 用の Python プログラム `Voicecontrol.py` をソースコード 8.3 に示します．

```
$ wget $take/Voicecontrol.py
```

▼ソースコード 8.3　Android 用の Python プログラム（Voicecontrol.py）

```python
import sys
import android
import time
a = android.Android()
uuid = '00001101-0000-1000-8000-00805F9B34FB'
print "connect client bt"
time.sleep(0.3)
ret = a.bluetoothConnect( uuid ).result
if not ret:
    a.makeToast( "bt not connected" )
    sys.exit( 0 )
while True:
        time.sleep(0.3)
        keyword = a.recognizeSpeech()
        print keyword[1]
        if keyword[1]=='left':
                a.bluetoothWrite("l")
        elif keyword[1]=='right':
                a.bluetoothWrite("r")
        elif keyword[1]=='Center':
                a.bluetoothWrite("c")
        elif keyword[1]=='exit':
```

```
                break
    elif keyword[1]=='quit':
            break
```

図 8.1 に IoT デバイスの回路図，図 8.2 に実装写真を示します．NMOS トランジスタを使って，MP3 プレイヤーの電源を制御します．ソースコード 8.2 に示したスケッチでは，PINM が MP3 の制御出力ピン，PINL と PINR が NeoPixel の制御出力ピンになります．

図 8.1　IoT デバイスの回路図

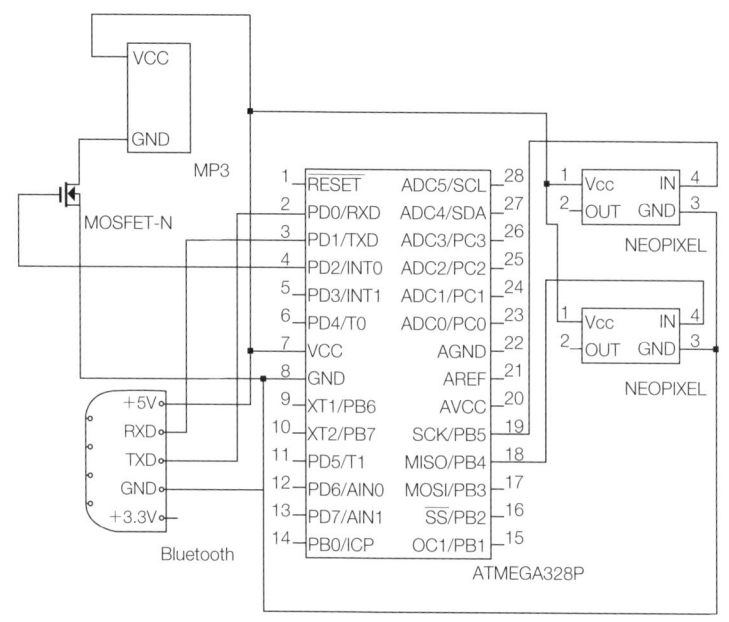

図 8.2　IoT デバイスの実装

8.3 Raspberry Pi2 での音声認識

ソースコード 8.1 に示した Windows の音声認識制御プログラムと同様に，**ソースコード 8.4**（後掲）に示すプログラム julius.py で，音声認識 Julius を操ることができます。

Raspberry Pi2 に Julius をインストールするには，次のコマンドを実行してください。

```
$ sudo su
# mkdir /etc/julius
# mkdir /var/lib/julius
```

julius-4.3.1.tar.gz をダウンロードします。

```
# tar xvf julius-4.3.1.tar.gz
# cd julius-4.3.1
# ./configure
# make
# make install
```

次に，dictation-kit-v4.3.1-linux.tgz をダウンロードします。

```
# tar xvf dictation-kit-v4.3.1-linux.tgz
# cd dictation-kit-v4.3.1-linux
# cp model/lang_m/bccwj.60k.htkdic /var/lib/julius/
# cp model/phone_m/jnas-tri-3k16-gid.binhmm /var/lib/julius/
# cp model/phone_m/logicalTri /var/lib/julius/
```

Raspberry Pi2 にはマイクが付いてないので，USB オーディオアダプタを使ってマイク入力する必要があります。CM108 チップを使った USB オーディオアダプタは Raspberry Pi2 で実績があるので，ネットから購入しました。

Raspberry Pi2 に USB オーディオアダプタを挿したら，次のコマンドを実行します。

```
$ sudo aplay -l       ←-l:マイナス・小文字のエル
  card 0: ALSA [bcm2835 ALSA]
```

カード 0 には，Raspberry Pi2 内蔵の bcm2835 が表示されます。

```
$ lsusb
```

を実行すると，USB オーディオアダプタが認識されています。

```
Bus 001 Device 004: ID 0d8c:013c C-Media Electronics, Inc. CM1
08 Audio Controller
```

エディタを使って，/etc/modprobe.d/alsa-base.conf ファイルの1行目を次のように変更します（index=-2 を index=0 に変更）．

```
options snd-usb-audio index=0
```

Raspberry Pi2 を次のコマンドで再起動して，変更を実行させます．

```
$ sudo reboot
```

次のコマンドで，オーディオの入力・出力の変更を確認します．カード0がbcm2835以外になっていれば，おそらく問題ないと思います．

```
$ sudo aplay -l
$ sudo arecord -l
```

次のコマンドで，オーディオ入力・出力の環境を整えます．

```
$ apt-get install python-lxml espeak libespeak-dev espeakedit espeak-data
$ apt-get install python-espeak tightvncserver mpg321 mpc pulseaudio
$ apt-get install libasound2-dev python-alsaaudio
```

/etc/profile ファイルに次の2行を挿入します．

```
export AUDIODEV=/dev/audio1
export ALSADEV=plughw:1,0
```

次のコマンドで，マイク入力のゲインを5に設定します．

```
$ amixer sset Mic 5
```

次のコマンドで，PCMのゲインを設定します．ゲインをできるだけ小さくするとノイズを小さくできます．

```
$ alsamixer
```

次のコマンドで，自分の声を録音して再生し，マイクゲインと PCM ゲインを調整します．

```
$ sudo arecord -d 5 test.wav    ←5秒間録音し，test.wavファイルに保存
$ sudo aplay test.wav           ←録音したファイルを再生
```

Bluetooth の設定は，次のコマンドを実行します．

```
$ sudo apt-get install bluez python-gobject
```

次のコマンドで，接続したい Bluetooth デバイスアドレスを探します．

```
$ hcitool scan
Scanning ...
        20:13:05:16:58:80        adxl345
```

次のコマンドで，PIN 番号を設定します．

```
$ bluez-simple-agent hci0 20:13:05:16:58:80
```

次のコマンドで，Bluetooth に接続してみます．

```
$ rfcomm connect hci0 20:13:05:16:58:80 &
```

次のコマンドで，切断します．

```
$ rfcomm release hci0
```

成功したら，Raspberry Pi2 の Bluetooth 設定をします．
/etc/bluetooth/rfcomm.conf の内容を次のようにします．

```
rfcomm0 {
        bind yes;
        device 20:13:05:16:58:80;
        channel 1;
        comment "connecting to bluetooth";
}
```

次のコマンドで，Bluetooth サービスを開始します．

```
$ sudo rfcomm bind all
$ sudo service bluetooth restart
```

julius.tarをダウンロードします．

```
$ wget $take/julius.tar
$ tar xvf julius.tar
$ cd julius
```

次のコマンドで，フォルダ内のファイルを表示します．

```
$ ls
command   julius.conf   julius.py*   t.dic
```

次のコマンドで，IoTデバイスを制御します．IoTデバイスに電源を入れ，BluetoothのLEDの点滅を確認します．Raspberry Pi2がBluetoothに接続すると，BluetoothのLEDは点滅から点灯に変化します．

```
$ sudo ./julius.py -C julius.conf
start julius...
```

このプロンプトが出てきたら，「電気をつけて」と言ってください．

IoTデバイスのLEDが点灯します．「電気を消して」と言えば，LEDが消灯します．

「終わり」と言えば，プログラムを終了します．

julius.pyはjuliusフォルダにインストールされています．

▼ソースコード 8.4　音声認識 Julius を制御する（julius.py）

```python
#!/usr/bin/python
import pyjulius
import Queue
import commands
import re,sys,os
from time import sleep
import serial
ss=serial.Serial("/dev/rfcomm0")
def grep(s,pattern):
    return \
'\n'.join(re.findall(r'^.*%s.*?$'%pattern,s,flags=re.M))
os.system('/usr/local/bin/julius -C /home/pi/julius/julius.conf \
-module 10500>/dev/null &')
sleep(3)
print 'start julius...'
client = pyjulius.Client('localhost', 10500)
try:
 client.connect()
except pyjulius.ConnectionError:
```

```
    print 'error in connection'
    os._exit(0)
client.start()
while 1:
 try:
  result = client.results.get(False)
 except Queue.Empty:
  continue
 s=grep(repr(result),'Word')
 if s!="":
  m=s.split(',')[2].split(')')[0].strip()
  if m=="owari":
   os.system("killall -9 julius")
   os._exit(0)
  elif m=="LightON":
     ss.write('n'+'\n')
     print m
  elif m=="LightOFF":
     ss.write('f'+'\n')
     print m
  else:print m
```

Appendix
Pythonで簡単なGUIを作る

　本書の終わりに，PythonでのGUIの作り方を紹介します．普段使用しやすいアプリケーションを公開する際には，GUIが求められることがあります．

　一番簡単なPythonのGUIは，easyguiライブラリです．easyguiライブラリの関数をいくつか紹介します．ここでは，ccbox, buttonbox, enterbox, choicebox, multenterbox, passwordboxを紹介します．easyguiライブラリを利用したい場合は，次のコードでライブラリを呼び出します．

```
from easygui import *
```

　ccboxは2つのボタンのGUIです．「Continue」ボタンをクリックするとTrueを実行し，「Cancel」ボタンをクリックするとelseを実行します．

```
if ccbox('hello','hi'):print 'yes'
else:print 'exit'
```

図A.1　ccbox

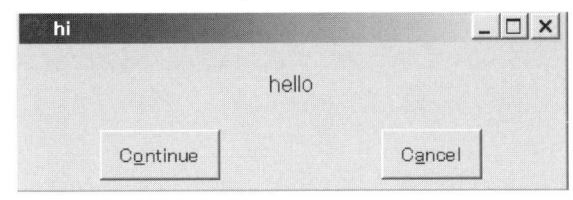

　複数のボタンを使う場合は，choices変数でボタンを設定できます．設定したボタンをクリックすると，変数rにボタン名を代入します．たとえば，「no」ボタンをクリックするとr='no'となります．

```
r=buttonbox('hello','hi',choices=['yes','no','not_sure'])
```

図 A.2　buttonbox

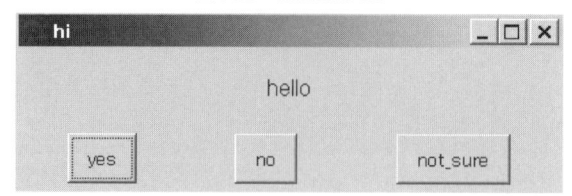

```
r=enterbox('hello','hi')
```

は，入力した文字列を変数 r に代入します．

図 A.3　enterbox

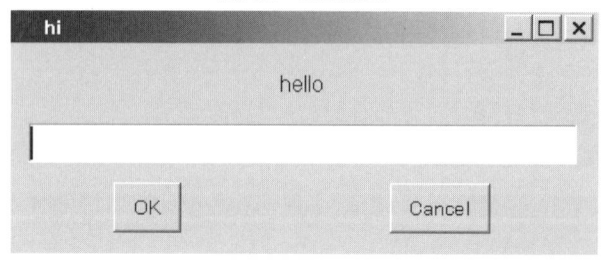

```
r=choicebox('hello','hi',choices=['candy','ice','milk','water'])
```

図 A.4　choicebox

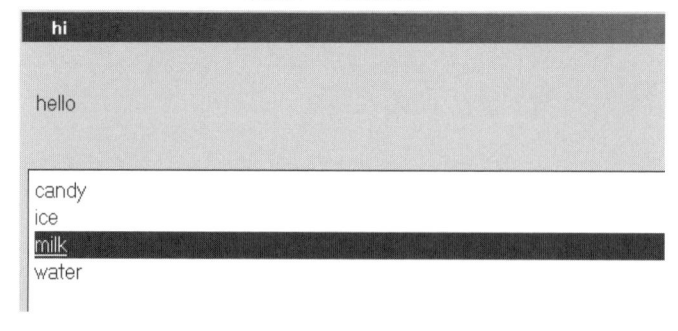

```
r=multenterbox('hi','hello',['name','address','age'],[])

print r
['takefuji', 'fujisawa', '60']
```

図 A.5　multenterbox

```
r=passwordbox()

print r
'takefuji yoshiyasu'
```

図 A.6　passwordbox

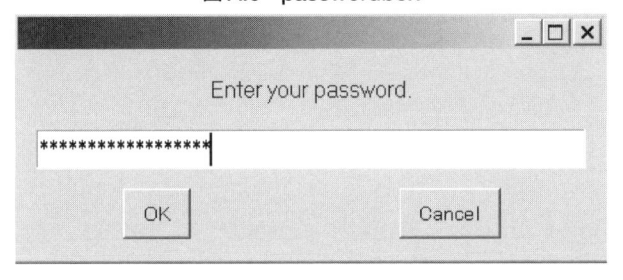

本書で作ったアプリケーションを GUI 化して，便利に活用しましょう！

索　引

[関数]

analogRead( ) 41
analogWrite( ) 41
append( ) 51
axis( ) 51

box( ) 3

connect( ) 65

deque( ) 50
digitalWrite( ) 41
draw( ) 51

fft( ) 52
fftreq( ) 52
for( ) 54

http( ) 65

if( ) 54

len( ) 3
loop( ) 46

match( ) 54, 55

pinMode( ) 41
plot( ) 51
pop( ) 51
popleft( ) 51

readline( ) 50
recv( ) 65

search( ) 55
send( ) 65

Serial( ) 50
Serial.begin( ) 47
Serial.readln( ) 47
set_ydata( ) 51
setup( ) 46
sleep( ) 65
socket( ) 65
split( ) 55

[ライブラリ]

beautifulsoup4 6

collections 50
cv2 3

dateutil 101

easygui 191
EEPROM 71

FFT 51

gdata 164
Google-Search-API 7
gspread 95, 97

jdcal 5
Jinja2 28

LiquidCrystal 71

MarkupSafe 28
matplotlib 28, 50, 101
mistune 27

numpy 51, 101

194

oauth2client	97
OpenCV	28
pandas	125
pandoc	28
patsy	125
Pillow	134
pycairo	28
pydrive	166
Pygments	28
pyparsing	101
PyQt4	28
Pyreadline	28
PySerial	50, 61, 100
pyside	28
python-gflags	97
python-openssl	97
pytz	101
pyzmq	28
requests	6, 97
re	54
rpy2	28
SciPy	145
SD	71
selnum	6
serial.tools.list_ports	54
Servo	71, 72
setuptools	27, 101
six	101
SoftwareSerial	71
speech	181
SPI	71
statsmodels	125
Stepper	71
subprocess	95
tornado	28
Wire	71, 74

[コマンド]

apt-cache search	18
apt-get remove	24
apt-get	14
arp	66
avrdude	31
awk	66
cat	16
cd	15
chmod	24
cp	32
crontab	96, 146
df	15
dpkg -P	24
dpkg	23
easy_install	28, 101
echo	20
exit	19
fing	104, 108
grep	66
halt	114
i2cdetect	109
ifdown	114
ifup	114
ls	15
lynx	58
make	2
mv	19
pip	26
pwd	19
raspi-config	109
reboot	14
sed	20
source	19
ssh	104
sudo su	14
tar cvf	20
tar xvf	20

195

索　引

update	22
upgrade	22
wget	19
which	31

[記号・数字]

.bashrc ファイル	19, 45, 105, 110
.cpp ファイル	43
.hex ファイル	2
.h ファイル	43
.ino ファイル	2
/etc/init.d/ フォルダ	24
3G	105
3 軸加速度	69
3 軸ジャイロ	69
5901（ポート）	115

[A]

AD5933	82
AdaBoost	129
adaboost.py	129
ADXL345	69
adxl345.py	111
A-D 変換	84
animation 関数	55
APN	116
APN_PASS	116
APN_USER	116
Arduino 開発環境	18, 105
Arduino ピン配置	38
Arduino ライブラリ	2
ATmega328P	36
avrdude-GUI	32
AVR ライター	29

[B]

Bagging	132
bash シェル	19
BernoulliNB	121
binary	100
Bluetooth	8, 90
BMP085	42, 69
bmp085.py	110
bmp085.sh	112
BMP180	42, 69

bmp180.hex	48
bofGMM.py	154
bofKM.py	156
BOTTOM view（チップ）	35
BRG	140
Bus error	24

[C]

cam0.py	139
cam1.py	141
ck.exe	25
classifier	119
color.py	141
COM PORT	48
com.py	93
comoauth2.py	97
cron 機能	96
cube.py	143
cubefinder.py	142
Cygwin	1, 25
Cygwin Setup	25

[D]

Debian	1, 9
DecisionTree	129
def キーワード	3
Descriptors	153
DFT	84
DHCP	114
digitNN.py	134
digitNN2.py	135
digitNN3.py	137
dmesg ファイル	21
Dropbox	162

[E]

EEPROM メモリ	35
ESP2866	60
esp8266.py	65
expect 関数	112
expect パッケージ	25
Extremely Randomized Trees	132

[F]

face.py	4, 144
face_cv2.xml	144
FFT	47

fft.py	51	IoT デバイスソフトウェア	2
FFT 周波数解析	42	ip.py	93
FlashAir	56	IPython	7, 27
flashair.hex	60	iso ファイル	16
Flash メモリ	35		
flow 認証	172	**[J]**	
freeDNS	159	json ファイル	166
freedns.py	160	Julius	181, 186
FT232RL	29	julius.py	189

[G]

Gaussian Mixture Models	153	**[K]**	
GaussianNB	121	Keypoints	153
GMM	153	k-means	153
Google スプレッドシート	94		
Google ドライブ	94, 164	**[L]**	
GradientBoosting	132	L3G4200D	69
gsdown.py	171	l3g4200d.py	111
gsearch.py	6	lasso.py	129
gspdown.py	165	Lasso 回帰	129
GUI	191	LCD	74
GUI 表示のライブラリ	50	LIFO	51
gupload.py	164	Linux	1, 9, 22
GY-80	106	lip.py	93
GY-801	106	LTE	105
GY-87	43		

[H]

HDC1000	77	**[M]**	
hdc1000_serial.ino	78	MAC アドレス	66
HMC5883L	69	Makefile ファイル	2, 48
hmc5883L.py	111	markov.py	123
hostname	95	MEMS	42
HSV	140	miniterm.py	76, 89
hue.py	149	MISO（チップ）	36
		MOSI（チップ）	36

[I]

i2c	74	MP3 プレイヤー	185
i2c インターフェース	36	MultinomialNB	121
ice.csv	125		
id_risa.pub	108	**[N]**	
idf	121	neo.ino	80
infrasound.py	53	neo_uart.ino	81
infrasound0.py	49	NeoPixel	80
interfaces ファイル	113, 117		
IoT	1	**[O]**	
IoT デバイス	2, 8	OAuth 2.0 認証	97, 166
		oauth2_delete.py	170
		oauth2_down.py	167
		oauth2_list.py	168
		oauth2_upload.py	167

197

索引

OLS 125
OpenCV 139
openssh パッケージ 25
Ordinary Least Squares 125

[P]
path 名 11
PCBE 66
phases 5
PWM 72
Python 3

[R]
RandomForest 131
randomforest.py 131
Rasberry Pi2 .... 1, 102
rc.local ファイル 118
red_count.py 145
reg.py 126
reg_gui.py 127
RESET（チップ） 36
RLM 128
rlm.py 128
Robust Linear Model 128
R-squared 126
Ruby 99
RX（チップ） 64
RXD（チップ） 64

[S]
sakis3g スクリプト 116
Scale-Invariant Feature Transform 153
scikit-learn パッケージ 119
SCK（チップ） 36
SCL（チップ） 36
SD 56
SDA（チップ） 36
SDHC 56
SDXC 56
Sensors.py 174
serail.ino 75
Servo.h 74
servo.ino 73
servo.py 72
SG90 73
SIFT 153
SL4A 173

speechrecog.py 181
Speeded Up Robust Features 153
SPI.h 37
SPI インターフェース 36
SRAM 35
ssh 接続 104, 106
SSID 61
ST7032 74
Station モード 56
stochastic gradient descent method ... 135
sudoku_ans.py 146
SURF 153
SWuni2.py 175

[T]
Template マッチング 152
Terminal 13
text.py 120
tf-idf 120
TightVNC 115
TOP view（チップ） 35
TQFP パッケージ（チップ） 38
TX（チップ） 64
TXD（チップ） 64
t 検定 126

[U]
Ubuntu 1, 9, 12
unzip パッケージ 25
USB シリアル変換モジュール 29

[V]
vcneo.ino 183
vim パッケージ 25
VM VirtualBox 1, 9, 16
VMware Player 1, 8, 9, 11
Voicecontrol.py 184

[W]
Weather-station 177
web.ino 62
wget パッケージ 25
Wi-Fi シリアルモジュール 60
Windows 1
Wire.h 37, 45
words 5
wpa_supplicant.conf ファイル 113

WS.py 178

[あ]
アクセスポイントモード 56
アクチュエーター 2
圧　縮 20
アナログ入出力 35, 41
アンサンブル学習 119, 129

位　相 86
イマジナリパート 83
インターネット検索 5
インダクタンス 84
インピーダンス 83, 86
インピーダンス・デジタル・コンバータ 82
インピーダンスメータ 82
インフラサウンド 42

英語検索 6
エイリアス 50
液　晶 74
エラー 21

オームの法則 83
音声認識 181, 184, 186
温度湿度センサー 77

[か]
ガーバー出力 67
外　形（ガーバー出力） 68
解　凍 20
顔認識 3, 144
角周波数 83
確率的勾配降下法 135
可視光通信 142
仮想化ソフトウェア 1
画像処理 139
仮想マシンソフトウェア 9
カメラ 8, 139

気圧センサー 42
機械学習 119, 133
木構造 11
揮発性メモリ 35
逆文書頻度 121
キャパシタ 84
キャパシタンス 84

句 5
クラウド 92, 159
クラウドサービス 162
クラスタリング 157
クリーンアップ（Windows） 22
グローバル IP 93

ゲスト OS 8
決定係数 126
検索キーワード 5

語 5
コイル 84
高速フーリエ変換 47
コマンドプロンプト 33
御用聞きシステム 92

[さ]
サーボモータ 72

シェルコマンド 66
実行ファイル 100
重回帰式 126
重回帰分析 125
周波数スペクトル 52
出現頻度 120
シルク（ガーバー出力） 68
振　幅 86

数　独 146
スーパーユーザー 18
スクリプト言語 99
スケッチ 2
スタック 51
スマートフォン 173

生体電気インピーダンス 82
セラミックキャパシタ 61
セラロック 29
センサー 2

[た]
単　線（0.65mm） 30

地磁気 69

ディジタル入出力 35, 41

199

索　引

データ構造 55
手書き数字認識 134
テキスト学習 119
テキストマイニング機械学習 119

特徴記述 153
特徴点 153
特徴ベクトル 155
ドメイン検索 5

[な]
ナイーブベイズ分類器 121

日本語化（Cygwin） 25
日本語検索 6
ニューラルネットワーク 133

[は]
バイパスキャパシタ 61
パターン（ガーバー出力） 68
パブリックキーファイル 108
判別式 83

微小電気機械システム 42
ヒストグラム 155

ファームウェア 1, 8
ファイルタイプ検索 5
フォルダ名 11
不揮発性メモリ 35
複素数 83
プリント基板エディタ 66
プルアップ抵抗 37, 74
ブレッドボード 29
プロット表示 127
分類器 119

ヘッダファイル 43
ベンチマークデータ 135

ポート 115
ホスト OS 8

[ま]
マイコン内蔵 RGB LED 80
待ち行列 50
マルコフモデル 122

無線 LAN USB アダプタ 113
メタプログラミング言語 99
モバイルネットワーク 105

[や]
ユリウス通日 5

[ら]
ライブラリ（Python） 26
リアルパート 83
離散フーリエ変換 84
利得係数 86

レジスタンス 84
レジストリ（ガーバー出力） 68

ローカル IP 93
論理演算 5

〈著者略歴〉

武藤 佳恭（たけふじ よしやす）

慶應義塾大学工学部電気工学科卒業（1978），同修士・博士課程修了，工学博士（1983）
南フロリダ大学コンピュータ学科助教授（1983-1985），南カロライナ大学コンピュータサイエンス学科助教授（1985-1988），ケースウエスターンリザーブ大学電気工学科准教授（1988-1996），慶應義塾大学環境情報学部助教授（1992-1997），同大学教授（1997-現在）
研究分野：人工知能，機械学習，セキュリティ，IoT
NSF RIA 賞（1989），IEEE Trans. NN 功労賞（1992），IPSJ 論文賞（1980），TEPCO 賞（1993），KAST 賞（1993），高柳賞（1995），KDD 賞（1997），NTT-education courseware 賞（1999），US-AFOSR 賞（2003），第1回 JICA 理事長賞（2004），社団法人フードサービス協会 35 周年記念会長賞（2009），NEEL2015 優勝，W-NUT 2015 優勝

〈主な著書〉

だれにもわかるディジタル回路 改訂4版（オーム社）
ニューラルコンピューティング（コロナ社）
超低コスト インターネット・ガジェット設計—USB・µIP・microSD プロトコールスタックの活用（オーム社）
面白チャレンジ！インターネットガジェット入門（近代科学社）
発明の極意：いかにしてアイデアを形にするか（近代科学社）

- 本書の内容に関する質問は，オーム社書籍編集局「(書名を明記)」係宛に，書状または FAX（03-3293-2824），E-mail（shoseki@ohmsha.co.jp）にてお願いします．お受けできる質問は本書で紹介した内容に限らせていただきます．なお，電話での質問にはお答えできませんので，あらかじめご了承ください．
- 万一，落丁・乱丁の場合は，送料当社負担でお取替えいたします．当社販売課宛にお送りください．
- 本書の一部の複写複製を希望される場合は，本書扉裏を参照してください．
  JCOPY＜(社)出版者著作権管理機構 委託出版物＞

AVR マイコンと Python ではじめよう
IoT デバイス設計・実装

平成 27 年 9 月 5 日　第 1 版第 1 刷発行

著　者　武藤佳恭
発行者　村上和夫
発行所　株式会社 オーム社
　　　　郵便番号 101-8460
　　　　東京都千代田区神田錦町 3-1
　　　　電話　03(3233)0641(代表)
　　　　URL　http://www.ohmsha.co.jp/

© 武藤佳恭 2015

組版　チューリング　印刷・製本　昭和情報プロセス
ISBN978-4-274-21790-6　Printed in Japan

電子工作 関連書籍の ご案内

モジュール化で理解する 電子工作の基本ワザ

松原 拓也 著　B5判／168頁／定価(本体2500円【税別】)

「モジュール化」というマイコンの新しい楽しみ方を提案

　電子工作に必要な電子回路の基本を、MCU基板・入力基板・出力基板といったモジュールの組合せで理解する、新しい電子工作本。
　ブラックボックス化された基板では回路の中身が理解できないために、新しい回路が組めないという、挫折を経験した方に特に参考になるものである。
　基本編・モジュール編・モジュール合体編の3部構成で、合体編では、モジュールを組み合わせて、音楽プレーヤ、携帯ゲーム機などの作例を紹介している。

キホンからはじめる PIC マイコン
―C言語をフリーのコンパイラで使う―

中尾 真治 著　B5判／240頁／定価(本体2900円【税別】)

PICマイコンのプログラムをC言語で行うための入門書

　C言語によるPICマイコンのプログラミングの入門書。
　C言語の素養のない初心者でも使いこなせるように、C言語の文法の基礎から解説している。PICマイコンについても、基本的な機能から周辺機能までを使うためのプログラミングの手法を紹介している。各機能については、よく使われるものをポイントを押さえて解説。コンパイラはフリーの「HI-TECH C PRO lite mode」を使用。

これならわかる！PSoC マイコン活用術

小林 一行、鈴木 郁 共著　B5判／214頁／定価(本体2800円【税別】)

これを待っていた！PSoCマイコンの入門書決定版！

　PSoC（Programmable System-on-Chip：ピーソック）マイコンは、従来のワンチップマイコンの周辺機能（アナログ、ディジタル回路）をプログラムで自由自在に変更できるワンチップマイコンである。
　本書は、PSoCの概要と特長を解説し、PSoC開発ツール PSoC Designerの使い方をていねいに解説。また、PSoCの特性を活かした、すぐに製作可能な事例を取り上げている。紙面は図表を中心に展開し、随所にPSoCを使うにあたっての素朴な疑問に答えるQ&Aをコラム的に配している。

かんたん！USBで動かす電子工作

小松 博史 著　A5判／232頁／定価(本体2000円【税別】)

電子工作はじめてでも大丈夫！USB-IO2.0を使ってかんたん電子制御！

　初心者でもかんたんに電子工作を楽しんでいただける電子工作本。必要な道具は、主に電子部品店や100円ショップで購入できるものばかり。パソコンでの制御については、無償で利用できるVisual Basic 2010 Expressを使っているので、気軽にチャレンジできる。
　一見難しそうな電子制御も、市販のUSB-IO2.0を使えばかんたんに作業できる。本書に登場するたっくんとぶー先生の会話を読み進めていくうちに、「やればできるんだ！」と自信がつき、どんどんチャレンジしたくなるような構成となっている。電子工作初心者におすすめの一冊。

もっと詳しい情報をお届けできます。
※書店に商品がない場合または直接ご注文の場合も右記宛にご連絡ください。

ホームページ http://www.ohmsha.co.jp/
TEL/FAX TEL.03-3233-0643　FAX.03-3233-3440

(定価は変更される場合があります)

C-1202-102